Mauno Schelb

Integrierte Sensoren mit photonischen Kristallen auf Polymerbasis

Schriften des Instituts für Mikrostrukturtechnik
am Karlsruher Institut für Technologie
Band 10

Hrsg. Institut für Mikrostrukturtechnik

Eine Übersicht über alle bisher in dieser Schriftenreihe erschienenen
Bände finden Sie am Ende des Buchs.

Integrierte Sensoren mit photonischen Kristallen auf Polymerbasis

von
Mauno Schelb

Dissertation, Karlsruher Institut für Technologie
Fakultät für Maschinenbau
Tag der mündlichen Prüfung: 31. Oktober 2011
Hauptreferent: Prof. Dr. Volker Saile
Korreferent: Prof. Dr. Kurt Busch

Impressum

Karlsruher Institut für Technologie (KIT)
KIT Scientific Publishing
Straße am Forum 2
D-76131 Karlsruhe
www.ksp.kit.edu

KIT – Universität des Landes Baden-Württemberg und nationales
Forschungszentrum in der Helmholtz-Gemeinschaft

KIT Scientific Publishing 2012
Print on Demand

ISSN: 1869-5183
ISBN: 978-3-86644-813-1

Integrierte Sensoren mit photonischen Kristallen auf Polymerbasis

Zur Erlangung des akademischen Grades

Doktor der Ingenieurwissenschaften

der Fakultät für Maschinenbau
Karlsruher Institut für Technologie (KIT)

genehmigte

Dissertation

von

Dipl. Phys. Dipl. Math. Mauno Schelb

Tag der mündlichen Prüfung: 31. Oktober 2011

Hauptreferent: Prof. Dr. Volker Saile
Korreferent: Prof. Dr. Kurt Busch

Kurzfassung

Miniaturisierte biochemische Sensorsysteme haben innerhalb des letzten Jahrzehnts zunehmend an Bedeutung gewonnen. Ziel dieser Arbeit war die grundlegende Entwicklung integriert optischer Sensorsysteme auf Polymerbasis. Dazu wurden drei verschiedene Integrationskonzepte ausgelegt, umgesetzt und charakterisiert. Diese umfassen dielektrische Wellenleiter zur Fluoreszenzanregung sowie photonische Kristalle und Mikrodisks als Signalwandler. Bei der Herstellung der integrierten Systeme wurden dabei für die industrielle Umsetzung wichtige massenfertigungstaugliche Prozesstechnologien berücksichtigt. Ein besonderer Schwerpunkt lag im Rahmen dieser Arbeit auf der Integration photonischer Kristallschichten in einen Schichtaufbau aus Teflon und Polymethylmethacrylat, die mit einem mikrofluidischen Kanal zu einem Sensorsystem kombiniert werden konnten. Neben den Sensorkonzepten wurde in dieser Arbeit auch die Frage nach der hinsichtlich des Gütefaktors optimalen Geometrie einer Kavität innerhalb der photonischen Kristallschicht diskutiert. Das komplexe Optimierungsproblem konnte dabei in ein benutzerfreundliches Computerprogramm umgesetzt werden. Dazu wurde ein genetischer Algorithmus, der die von der Anwendung vorgegebenen Randbedingungen berücksichtigt, entwickelt. Die Anwendung des genetischen Algorithmus auf einen Liniendefekt in einer quadratischen photonischen Kristallschicht führt zu einer in der Literatur bislang unbekannten Defektgeometrie mit alternierenden Lochradien.

Abstract

Miniaturized biochemical analysis systems have increasingly gained importance over the past decade. The aim of this thesis was the fundamental development of integrated optical sensor systems based on polymers. For this purpose, different integration approaches were designed, implemented and characterized. These comprise dielectric waveguides for fluorescence excitation, photonic crystal slabs and microdisks as signal converters. For the production of the integrated systems, process technologies suitable for industrial mass production were considered. Here, one focus was on the integration of photonic crystal slabs into a layered structure out of Teflon and Polymethylmethacrylate, which was combined to a sensor system together with a microfluidic channel. In addition to the sensor concepts, this work looked into finding the optimum geometry of a cavity within the photonic crystal slab in terms of the cavity quality factor. The complex optimization problem was successfully implemented into a user friendly computer program. To do so, a genetic algorithm, accounting for the manufacturing boundary conditions given by the application, was developed. Performing the genetic algorithm optimization of a line defect cavity in a square lattice photonic crystal slab leads to an unprecedented defect geometry with holes of alternating radii.

Inhaltsverzeichnis

1 Einleitung

1.1 Motivation

Miniaturisierte biochemische Analysesysteme haben innerhalb des letzten Jahrzehnts zunehmend an Bedeutung gewonnen. Die Miniaturisierung der Sensoren reduziert hierbei das notwendige Analytvolumen sowie die Analysezeit und ermöglicht die Portabilität dieser Systeme. Außerdem eröffnet sich so die Möglichkeit der Parallelisierung biochemischer Analysen. Miniaturisierte Analysesysteme sind damit interessant für patientennahe Labordiagnostik, die außerhalb des Labors beispielsweise ambulant oder am Notfallort in direkter Nähe des Patienten durchgeführt wird. Die Vorteile gegenüber herkömmlichen Laboruntersuchungen liegen in der raschen Verfügbarkeit der Analyseergebnisse, welche auch ohne medizintechnische Fachkenntnisse gewonnen und ausgewertet werden können. Schnelle Diagnosen ermöglichen so den direkten Beginn von Folgetherapien, wodurch Heilungs- oder Überlebenschancen signifikant erhöht werden können. Der Einsatz solcher Systeme ist somit besonders für Entwicklungsländer und Gebiete, in denen die Labor- und medizinische Infrastruktur nur unzureichend vorhanden ist, wünschenswert. Ferner ist die Realisierung implantierbarer Sensoren für langfristige kontinuierliche In-vivo-Analysen denkbar. Neben der patientennahen Diagnostik können miniaturisierte Sensoren für verschiedene Anwendungen wie Gewässeranalyse oder zellbiologische Untersuchungen verwendet werden.

Zur Herstellung biochemischer Analysesysteme ist der Einsatz kostengünstiger und biokompatibler Materialien notwendig. Unter diesem Aspekt eignen sich Polymermaterialen für die Integration solcher Sensoren besonders [1, 2]. Die Produktionskosten der einzelnen Sensoren müssen ebenfalls niedrig gehalten werden, so dass parallele Fertigungsverfahren gegenüber seriellen Fertigungsverfahren diesbezüglich von Vorteil sind.

Den Sensoren können verschiedene Analyseprinzipien wie Elektrophorese und kapazitive oder optische Messungen zugrunde liegen. Optische Messprinzipien ermöglichen dabei besonders kurze Analysezeiten [3–5]. So können durch Fluoreszenzuntersuchungen oder spektrale Analysen des Transmissions-, Reflektions- oder Streuverhaltens eines Analyten Informationen über dessen Zusammensetzung und Struktur innerhalb eines kurzen Messzeitraumes gewonnen werden. Zur Steuerung der Sensitivität und Selektivität eines optischen Sensors können darüber hinaus Resonatoren als optische Signalwandler in das System integriert werden. Als optische Signalwandler eignen sich hierbei photonische Kristallstrukturen [6, 7], Flüstergalerieresonatoren [8, 9] oder plasmonische Strukturen [10, 11]. Die Untersuchung des charakteristischen Spektrums des Resonators kann beispielsweise helfen, die Polarisierbarkeit in direkter Umgebung des Resonators zu messen. Werden bestimmte Moleküle auf den Resonator aufgebracht, so kann außerdem die Ankopplung spezifischer Biomoleküle detektiert werden, wodurch eine Selektivität des Sensors realisiert wird. Durch Integration eines Resonators mit schmaler Frequenzbandbreite und damit hohem Gütefaktor in ein Analysesystem lässt sich dagegen die Sensitivität des Sensors steigern. Die Fortschritte bei der Herstellung photonischer Kristallschichtkavitäten und Flüstergalerieresonatoren in den letzten Jahren haben zur Realisierung sehr hoher Güten geführt [12–19]. So ist mit toroidalen Resonatoren höchster Güte die Detektion einzelner Moleküle möglich [20].

1.2 Zielsetzung

Ziel dieser Arbeit war die Entwicklung integriert optischer Sensorsysteme auf Polymerbasis. Dazu sollten verschiedene Integrationsansätze, die insbesondere photonische Resonatoren als Signalwandler verwenden, ausgelegt, umgesetzt und die resultierenden Demonstratoren charakterisiert werden. Im Hinblick auf eine Produktanwendung wichtige massenfertigungstaugliche Prozesstechnologien wurden dabei ebenfalls berücksichtigt. Ein Schwerpunkt der Arbeit wurde auf den Ansatz photonischer Kristallschichten gelegt, welche gut in integriert optische Systeme eingefügt werden können. Die Erzeugung optischer Kavitäten durch strukturelle Defekte in photonischen Kristallschichten eröffnet darüber hinaus vielfältige Möglichkeiten zur Untersuchung des Zusammenhangs zwischen Kavitätsgüten und Defektgeometrien. Die Geometrieoptimierung hinsichtlich maximaler Güte und damit maximaler Sensitivität eines optischen Sensors ist hierbei ein komplexes Problem, wobei die Problemstellung jedoch meist nur von wenigen durch die Anwendung vorgegebenen Parametern abhängt. Daher wurde im Rahmen dieser Arbeit auch die Entwicklung eines benutzerfreundlichen Werkzeuges verfolgt, welches anwendungsorientierten Entwicklern die Optimierung von Defektstrukturen ohne tiefere Einsicht in deren Komplexität alleine auf der Basis der anwendungsspezifischen Parameter ermöglicht.

1.3 Gliederung

In Kapitel 2 der vorliegenden Arbeit werden zunächst die theoretischen Grundlagen zu Wellenleitern, photonischen Kristallen und Mikrodisks bereitet. Dabei werden Methoden zur Bestimmung der Eigenmoden des jeweiligen optischen Elementes erklärt. In Kapitel 3 werden drei verschiedene Konzepte zur Integration eines optischen Sensors vorgestellt. Diese basieren auf Polymerwellenleitern, photonischen Kristallschichten und Mikrodisks und werden in den folgenden Kapiteln detailliert behandelt. Kapitel 4 beschreibt die Auslegung der optischen Elemente, welche für die Sensorkonzepte grundlegend sind. In Kapitel 5 wird die Herstellung der integriert optischen Systeme mittels photolithographischer und elektronenstrahllithographischer Prozesse erklärt. Die Replikation photonischer Kristallstrukturen durch Heißprägen wird ebenfalls diskutiert. Kapitel 6 behandelt die optische Charakterisierung der hergestellten Systeme. Kapitel 7 stellt, gelöst von den vorgestellten Integrationskonzepten, ein Prinzip zur numerischen Optimierung der Geometrie von photonischen Kristallschichtkavitäten vor. Auf dessen Basis wird ein genetischer Algorithmus entwickelt, der in ein benutzerfreundliches Computerprogramm zur Geometrieoptimierung von Liniendefekten in photonischen Kristallschichten umgesetzt wird. Optimierte Defektgeometrien werden präsentiert. Die Arbeit schließt mit einer Zusammenfassung der erzielten Ergebnisse sowie einem Ausblick auf mögliche Erweiterungen der vorgestellten Integrationskonzepte und Herstellungsprozesse sowie auf Anwendungen der realisierten Systeme.

2 Grundlagen

In diesem Kapitel werden die theoretischen Grundlagen der in dieser Arbeit relevanten integriert optischen Elemente diskutiert. Nach einer kurzen Einführung der Maxwellschen Gleichungen sowie der Wellengleichung werden dazu die Eigenlösungen der Wellengleichung für den dielektrischen Wellenleiter, den photonischen Kristall sowie die dielektrische Mikrodisk abgeleitet. Diese optischen Elemente sind für die im Rahmen dieser Arbeit entwickelten Sensorkonzepte, die im folgenden Kapitel vorgestellt werden, grundlegend.

Elektromagnetische Phänomene werden durch die elektrische Feldstärke E, die magnetische Induktion B, die dielektrische Verschiebung D und das magnetische Feld H sowie die elektrische Stromdichte j und die elektrische Ladungsdichte ρ beschrieben. Die grundlegenden Gleichungen für die Dynamik dieser Feldgrößen sind die Maxwellgleichungen:

$$\operatorname{div}\vec{B} = 0, \tag{2.1}$$

$$\operatorname{rot}\vec{E} + \frac{\partial}{\partial t}\vec{B} = 0, \tag{2.2}$$

$$\operatorname{rot}\vec{H} - \frac{\partial}{\partial t}\vec{D} = \vec{j}, \tag{2.3}$$

$$\operatorname{div}\vec{D} = \rho. \tag{2.4}$$

Für isotrope lineare Medien mit lokaler und instantaner elektromagnetischer Antwort sind E und D sowie B und H dabei durch

$$\begin{aligned} \vec{D} &= \varepsilon_0 \varepsilon_r \vec{E}, \\ \vec{B} &= \mu_0 \mu_r \vec{H} \end{aligned} \tag{2.5}$$

verknüpft. Dieser Fall wird im Folgenden angenommen. ε_0 und μ_0 sowie ε_r und μ_r sind hierbei die dielektrische Vakuumpermeabilität und -permittivität sowie die relative Permeabilität und Permittivität des betrachteten Mediums.

Unter der Annahme quellenfreier nichtmagnetischer Medien ($\rho \equiv 0$, $\vec{j} \equiv 0$, $\mu_r \equiv 1$), wie in dieser Arbeit vorausgesetzt, können die Maxwellgleichungen zu Wellengleichungen für die elektromagnetischen Felder umgeformt werden. Für das magnetische Feld setzt man dazu die Materialgleichung $\vec{D} = \varepsilon_0 \varepsilon_r \vec{E}$ in Gleichung [2.2] ein und leitet nach der Zeit ab:

$$\operatorname{rot}\frac{\partial}{\partial t}\eta_r\vec{D} + \varepsilon_0\frac{\partial^2}{\partial t^2}\vec{B} = 0. \qquad [2.6]$$

Einsetzen von Gleichung [2.3] und $\vec{B} = \mu_0\mu_r\vec{H}$ liefert die Wellengleichung für das magnetische Feld H:

$$\operatorname{rot}\big(\eta_r(\vec{r})\operatorname{rot}\vec{H}(\vec{r},t)\big) + \mu_0\varepsilon_0\frac{\partial^2}{\partial t^2}\vec{H}(\vec{r},t) = 0. \qquad [2.7]$$

η_r bezeichnet hier den Kehrwert der relativen dielektrischen Permittivität ε_r. Zusammen mit der zusätzlichen Bedingung

$$\operatorname{div}\vec{H} = 0 \qquad [2.8]$$

beschreibt die obige Wellengleichung die Fortpflanzung von elektromagnetischen Wellen durch lineare dielektrische Medien vollständig.

Nachfolgend werden die Eigenlösungen der Wellengleichung [2.7] für die in dieser Arbeit verwendeten integriert optischen Elemente abgeleitet.

2.1 Dielektrische optische Wellenleiter

Optische Wellenleiter dienen zur Verbindung verschiedener optischer Komponenten in einem integrierten System und sind damit grundlegend für viele Anwendungen in der integrierten Optik [21]. Dielektrische Wellenleiter bestehen aus einem hochbrechenden Kern, der von niedrigbrechendem Mantelmaterial umgeben ist. Für hinreichende

Brechungsindexverteilung zwischen Kern und Mantel lassen sich für einen Wellenleiter stationäre und lokalisierte Lösungen der Wellengleichung, so genannte Moden, finden, so dass für bestimmte Frequenzen Licht im Wellenleiter geführt werden kann. Grundlegende Wellenleitergeometrien sind unter anderem planare Schichtwellenleiter sowie Streifenwellenleiter, die beide ein stufenförmiges Brechungsindexprofil aufweisen. Es gibt jedoch auch anwendungsrelevante Wellenleiter mit sich teilweise kontinuierlich änderndem Brechungsindexprofil. So haben strahlungsinduzierte Wellenleiter in Polymeren, die in dieser Arbeit teilweise verwendet werden, ein exponentiell abfallendes Brechungsindexprofil. Planare Schichtwellenleiter bestehen aus drei dielektrischen Schich-

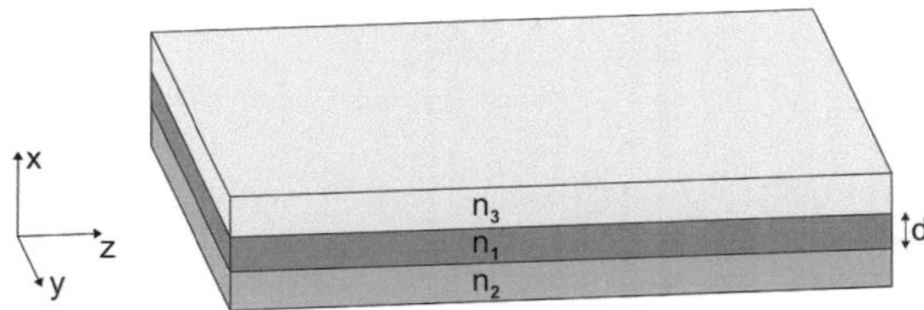

Abb. 2.1: Schema eines dielektrischen Schichtwellenleiters mit Kerndicke d.

ten, einer Kern- und zwei Mantelschichten, wie in Abbildung 2.1 dargestellt. Zur Berechnung der im Wellenleiter lokalisierten Lösungen der Wellengleichung werden die Dielektrika nachfolgend als homogen und isotrop angenommen. Außerdem sei der Wellenleiter dazu so ausgelegt, dass

$$n_1 > n_2 \geq n_3 \qquad\qquad [2.9]$$

gilt und die Schichten seien vereinfachend in der Wellenleiterebene jeweils als unendlich ausgedehnt angenommen. Senkrecht zur Wellenleiterebene habe die Kernschicht die Dicke d, während die Mantelschichten jeweils unendlich dick seien. Werden die betrachteten Felder in y-Richtung als konstant angenommen, so lässt sich zusammen mit der Translationssymmetrie des Schichtwellenleiters in y-Richtung, $\partial_y \eta_r = 0$, die vektorielle Wellengleichung [2.7] in zwei skalare Wellengleichungen für die y-Komponenten von E und H zerlegen:

$$\eta_r(\vec{r}) \left(\frac{\partial^2}{\partial x^2} + \frac{\partial^2}{\partial z^2} \right) E_y(\vec{r}) - \mu_0 \varepsilon_0 \frac{\partial^2}{\partial t^2} E_y(\vec{r}) = 0, \qquad [2.10]$$

$$\frac{\partial}{\partial x} \eta_r(\vec{r}) \frac{\partial}{\partial x} H_y(\vec{r}) + \frac{\partial}{\partial z} \eta_r(\vec{r}) \frac{\partial}{\partial z} H_y(\vec{r}) - \mu_0 \varepsilon_0 \frac{\partial^2}{\partial t^2} H_y(\vec{r}) = 0. \qquad [2.11]$$

Diese Gleichungen beschreiben die zwei voneinander unabhängigen Polarisationen für die Propagation von Licht in einem in y-Richtung translationsinvarianten System unter den gegebenen Voraussetzungen. Im ersten Fall ist E entlang der y-Achse und H senkrecht zur y-Achse orientiert. Dieser Fall wird für einen Schichtwellenleiter auch als transversal elektrische (TE) Polarisation bezeichnet. Im zweiten Fall, der transversal magnetischen (TM) Polarisation, ist H entlang der y-Achse und E senkrecht dazu orientiert.

Wir betrachten nun transversal elektrisch polarisierte zeitharmonische Felder, die in z-Richtung propagieren:

$$E_y(\vec{r}) = E_y(x) e^{i(\omega t - \beta z)}. \qquad [2.12]$$

ω ist hierbei die Kreisfrequenz und β eine Propagationskonstante. Einsetzen in die skalare Wellengleichung für E und Ausführen der partiellen Ableitung nach z liefert eine reduzierte Wellengleichung für $E_y(x)$:

$$\frac{\partial^2}{\partial x^2} E_y(x) + (n^2 k^2 - \beta^2) E_y(x) = 0, \qquad [2.13]$$

mit $k^2 = \omega^2 \varepsilon_0 \mu_0$ und $n^2 = \varepsilon_r$. Gesucht sind die lokalisierten Lösungen dieser Wellengleichung, also die Lösungen, die im Unendlichen verschwinden. Diese sind gegeben durch

$$E_y(x) = \begin{cases} A e^{-\delta x} & \text{für } x \geq 0, \\ A\cos\kappa x + B\sin\kappa x & \text{für } 0 \geq x \geq -d, \\ (A\cos\kappa d + B\sin\kappa d) e^{\gamma(x+d)} & \text{für } x \leq -d, \end{cases} \qquad [2.14]$$

wobei A und B so gewählt werden, dass die Stetigkeitsbedingungen für die Tangentialkomponenten des elektrischen und magnetischen Feldes an den dielektrischen Grenzflächen bei $x = 0$ und $x = -d$ erfüllt sind. Die Tangentialkomponente H_z lässt sich unter den gegebenen Voraussetzungen aus E_y durch Anwenden der Maxwellgleichung [2.2] direkt ausrechnen, während E_z und H_y aufgrund der transversal elektrischen Polarisation verschwinden:

$$H_z(x) = \begin{cases} \dfrac{-i\delta}{\omega\mu_0} A e^{-\delta x} & \text{für } x \geq 0, \\[2mm] \dfrac{-i\kappa}{\omega\mu_0} (A\sin\kappa x + B\cos\kappa x) & \text{für } 0 \geq x \geq -d, \\[2mm] \dfrac{i\gamma}{\omega\mu_0} (A\cos\kappa d + B\sin\kappa d)e^{\gamma(x+d)} & \text{für } x \leq -d. \end{cases} \qquad [2.15]$$

Die Propagationsparameter κ, γ und δ in den Feldverteilungen sind definiert als

$$\kappa = \sqrt{n_1{}^2 k^2 - \beta^2}, \qquad [2.16]$$

$$\gamma = \sqrt{\beta^2 - n_3{}^2 k^2} = \sqrt{(n_1{}^2 - n_3{}^2)k^2 - \kappa^2}, \qquad [2.17]$$

$$\delta = \sqrt{\beta^2 - n_2{}^2 k^2} = \sqrt{(n_1{}^2 - n_2{}^2)k^2 - \kappa^2}. \qquad [2.18]$$

Anwenden der Stetigkeitsbedingungen führt zu einem linearen homogenen Gleichungssystem für A und B, dessen Determinantengleichung sich zu

$$\tan\kappa d = \frac{\kappa(\gamma + \delta)}{\kappa^2 - \gamma\delta} \qquad [2.19]$$

ergibt. Nichttriviale Lösungen gibt es also nur für solche Werte von κ, γ und δ, für die die obige Gleichung erfüllt ist. Die Gleichung lässt sich numerisch oder graphisch lösen. Eine graphische Lösung ist für einen Beispielfall in Abbildung 2.2 gezeigt.

Die Schnittstellen beider Kurven sind hierbei Lösungen der Determinantengleichung für κd und erlauben damit die Bestimmung aller Propagationsparameter. In der graphischen Darstellung beider Seiten der Determinantengleichung kann die Anzahl der im Wellenleiter möglichen Moden direkt abgelesen werden. Für abnehmende Kerndicken, Frequenzen und Brechungsindexdifferenzen zwischen Kern und Mantel wird dabei die der rechten Seite der Gleichung entsprechende Kurve (rot in Abbildung 2.2) entlang der

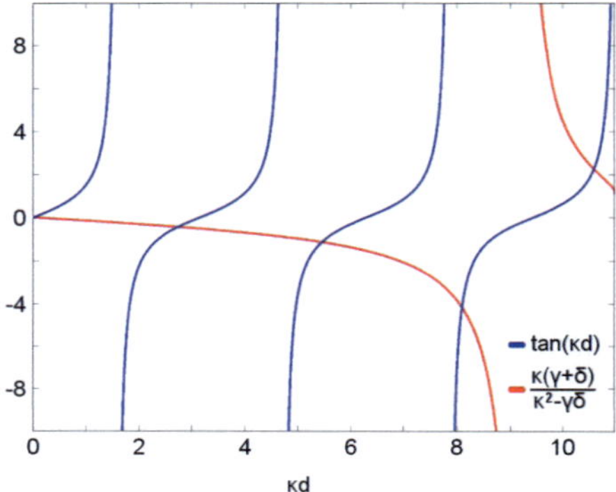

Abb. 2.2: Graphische Bestimmung der Propagationsparameter für TE-Wellenleitermoden für den exemplarischen Fall $d = 3\,\mu\text{m}$, $n_1 = 1{,}49$, $n_2 = 1{,}3$ und $n_3 = 1$ sowie $\lambda = 1{,}3\,\mu\text{m}$. Die beiden Seiten der Determinantengleichung sind als Funktion über κd aufgetragen. Die Schnittstellen beider Kurven entsprechen Lösungen der Gleichung für κd.

κd-Achse gestaucht, wodurch die Anzahl der Moden reduziert wird. Für asymmetrische Wellenleiter endet diese Kurve dabei nicht auf der κd-Achse, so dass es möglich ist, dass keine Mode existiert, im Gegensatz zu symmetrischen Wellenleitern, bei denen die Kurve auf der κd-Achse endet, wodurch immer mindestens eine Mode gefunden werden kann. Die Ableitung der Lösungen für transversal magnetische Polarisation erfolgt analog zum transversal elektrischen Fall [22].

Eine Verallgemeinerung der dielektrischen Schichtwellenleiter stellen Wellenleiter mit in einer Raumrichtung kontinuierlichem Brechungsindexprofil dar. Hier hängt die Lösbarkeit der reduzierten Wellengleichung [2.13] von der Brechungsindexverteilung im Wellenleiter ab. Für den Spezialfall eines exponentiellen Brechungsindexprofils,

$$n(x) = \begin{cases} n_0 & \text{für } x > 0, \\ n_1 + \Delta n\, e^{x/d} & \text{für } x \le 0, \end{cases} \qquad [2.20]$$

mit $n_0 < n_1$, ist die Wellengleichung für $\Delta n << n_1$ mit Hilfe von Besselfunktionen analytisch lösbar [23]. Solche Wellenleiter werden auch in dieser Arbeit verwendet, wobei das Brechungsindexprofil durch Bestrahlung eines Polymers mit kurzwelligem ultravioletten (UV) Licht erzeugt wird [24]. Durch die absorbierte Strahlung werden die Polymerketten aufgebrochen und der Brechungsindex des Polymers proportional zur lokal absorbierten Energiedosis erhöht. Die absorbierte Dosis ist dabei nach dem Lambert-Beerschen Gesetz exponentiell abfallend von der Oberfläche in das bestrahlte Material hinein verteilt.

Schichtwellenleiter ermöglichen die Lokalisierung von Licht in einer Raumrichtung. Um Licht in integrierten Systemen zu führen, ist jedoch Lokalisierung in zwei Raumrichtungen nötig. Dazu kann zusätzlich zum Brechungsindexprofil in x-Richtung ein lateraler Brechungsindexsprung realisiert werden, so dass ein Kernstreifen hochbrechenden Materials von niedrigbrechendem Mantelmaterial umgeben ist. Ein Streifenwellenleiter mit rechteckigem Kern ist schematisch in Abbildung 2.3 gezeigt.

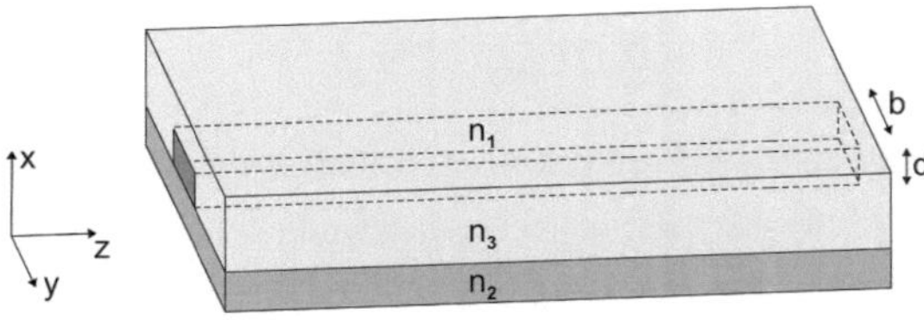

Abb. 2.3: Schema eines dielektrischen Streifenwellenleiters mit Kerndicke d und Kernbreite b.

Da der Streifenwellenleiter in y-Richtung nicht translationssymmetrisch ist, lassen sich dessen lokalisierte Moden nicht mehr nach TE- und TM-Polarisation einteilen. Die Moden werden jedoch je nach überwiegenden Feldkomponenten als quasi TE- oder quasi TM-polarisiert bezeichnet. Die Eigenmoden eines Streifenwellenleiters können nach einem von Marcatili beschriebenen Verfahren approximiert werden [25]. Dazu werden im Wellenleiter nur die in x- und y-Richtung an den Wellenleiterkern angrenzenden Mantelschichten berücksichtigt, während die an den Kanten des Streifens angrenzenden Raumquadranten vernachlässigt werden. Mit dem Ansatz [2.12] für zeitharmonische in z-Richtung propagierende Felder ergibt sich aus den Maxwellgleichungen:

$$E_x = -\frac{i}{K_j^2}\left(\beta\frac{\partial E_z}{\partial x} - \omega\mu_0\frac{\partial H_z}{\partial y}\right), \qquad [2.21]$$

$$E_y = -\frac{i}{K_j^2}\left(\beta\frac{\partial E_z}{\partial y} - \omega\mu_0\frac{\partial H_z}{\partial x}\right), \qquad [2.22]$$

$$H_x = -\frac{i}{K_j^2}\left(\beta\frac{\partial H_z}{\partial x} - \omega n_i^2\varepsilon_0\frac{\partial E_z}{\partial y}\right), \qquad [2.23]$$

$$H_y = -\frac{i}{K_j^2}\left(\beta\frac{\partial H_z}{\partial y} - \omega n_i^2\varepsilon_0\frac{\partial E_z}{\partial x}\right), \qquad [2.24]$$

wobei K_j definiert ist als

$$K_j = \sqrt{n_j^2 k^2 - \beta^2}. \qquad [2.25]$$

Die Feldkomponenten E_z und H_z müssen nun der reduzierten Wellengleichung

$$\frac{\partial^2\Psi}{\partial x^2} + \frac{\partial^2\Psi}{\partial y^2} + K_i^2\Psi = 0 \qquad [2.26]$$

genügen. Durch Produktansatz der bekannten Lösungen aus dem Fall des Schichtwellenleiters lassen sich für jeden der betrachteten räumlichen Abschnitte Lösungen dieser Wellengleichung finden. Diese müssen wieder Stetigkeitsbedingungen an den Grenzflächen erfüllen, woraus sich Bestimmungsgleichungen für die Propagationskonstanten ergeben.

2.2 Photonische Kristalle

Photonische Kristalle sind periodische räumliche Anordnungen von Materialen mit unterschiedlichen Dielektrizitätskonstanten [26, 27]. Die dielektrische Periodizität kann beschrieben werden durch

$$\varepsilon(\vec{r}) = \varepsilon(\vec{r} + \vec{a}_{klm}), \quad k,l,m \in \mathbb{Z}. \qquad [2.27]$$

$\vec{a}_{klm}$ stellt hier einen so genannten Gittervektor dar, der als Linearkombination aus den Basisvektoren $\vec{a}_1$, $\vec{a}_2$ und $\vec{a}_3$ erzeugt werden kann:

$$\vec{a}_{klm} = k\vec{a}_1 + l\vec{a}_2 + m\vec{a}_3, \quad k,l,m \in \mathbb{Z}. \qquad [2.28]$$

Die Basisvektoren $\vec{a}_1$, $\vec{a}_2$ und $\vec{a}_3$ erzeugen ein Raumgitter, welches den photonischen Kristall festlegt. Die Basisvektoren spannen dabei ein Parallelepiped, die so genannte primitive Einheitszelle des Kristalls, auf, aus der der gesamte Kristall zusammengesetzt werden kann [28]. Dementsprechend enthält die Einheitszelle alle Informationen, die zu einer kompletten Beschreibung des Kristalls notwendig sind. Die primitive Einheitszelle spiegelt jedoch im Allgemeinen nicht die Symmetrie des Gitters wider, wozu die sogenannte Wigner-Seitz Zelle eingeführt wird. Diese umfasst alle Raumpunkte, die näher an einem festen Gitterpunkt als an allen anderen Gitterpunkten liegen. Die Wigner-Seitz Zelle weist alle Symmetrien des Kristallgitters auf.

Zur Untersuchung der Fortpflanzung elektromagnetischer Wellen im photonischen Kristall ist das Konzept des reziproken Gitters grundlegend [28]. Dieses Konzept wird analog zur Beschreibung von Elektronen in atomaren Kristallen angewandt. Ist ein Gitter durch die Vektoren $\vec{a}_{klm}$ mit zugehörigen Basisvektoren $\vec{a}_1$, $\vec{a}_2$ und $\vec{a}_3$ festgelegt, so sind die reziproken Gittervektoren gegeben als

$$\vec{g}_{klm} = k\vec{g}_1 + l\vec{g}_2 + m\vec{g}_3, \quad k,l,m \in \mathbb{Z}, \qquad [2.29]$$

mit den reziproken Basisvektoren

$$\vec{g}_i\vec{a}_j = 2\pi\delta_{ij}, \quad i,j = 1,2,3. \qquad [2.30]$$

δ_{ij} bezeichnet hierbei das Kroneckersymbol. Mit Hilfe des reziproken Gitters lässt sich eine gitterperiodische Funktion $f(\vec{r})$, wie beispielsweise die Permittivität des photonischen Kristalls, in eine Fourierreihe entwickeln:

$$f(\vec{r}) = \sum_{\vec{g}} f_g e^{i\vec{g}\vec{r}}, \qquad [2.31]$$

wobei über alle reziproken Gittervektoren summiert wird. Die Wigner-Seitz Zelle des reziproken Gitters wird erste Brillouinzone genannt. Diese weist die Symmetrien des reziproken Gitters auf, welche jedoch von denen des räumlichen Gitters verschieden sein können.

Ein wichtiger Spezialfall eines photonischen Kristalls ist ein Kristall mit kontinuierlicher Translationsinvarianz in einer Raumrichtung:

$$\varepsilon(\vec{r}) = \varepsilon(\vec{r} + \vec{a}_{kls}), \quad k,l \in \mathbb{Z},\ s \in \mathbb{R}, \tag{2.32}$$

$$\vec{a}_{kls} = k\vec{a}_1 + l\vec{a}_2 + s\vec{a}_3, \quad k,l \in \mathbb{Z},\ s \in \mathbb{R}. \tag{2.33}$$

In diesem Fall kann die Beschreibung des photonischen Kristalls auf die Ebene, die durch $\vec{a}_1$ und $\vec{a}_2$ aufgespannt wird, beschränkt werden, so dass die Gittervektoren und reziproken Gittervektoren durch zweidimensionale Vektoren dargestellt werden können. Solch ein photonischer Kristall wird dementsprechend auch als zweidimensionaler photonischer Kristall bezeichnet. Bei weiterer kontinuierlicher Translationsinvarianz entlang der Richtung des Vektors $\vec{a}_2$ wird der photonische Kristall als eindimensional bezeichnet und die zugehörigen Gittervektoren können auf eine Komponente beschränkt werden. Eine schematische Darstellung ein-, zwei- und dreidimensionaler photonischer Kristalle ist in Abbildung 2.4 gezeigt. Analog zu atomaren Kristallen und Halbleitern,

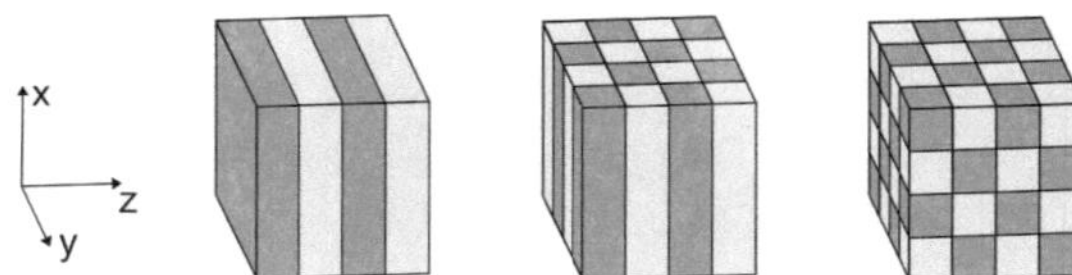

Abb. 2.4: Schema eines ein-, zwei- und dreidimensionalen photonischen Kristalls.

bei denen die im Gitter angeordneten Atome ein periodisches Potential für die freien Elektronen ausbilden, bilden die Bereiche verschiedener Permittivität in einem photonischen Kristall ein periodisches Streupotential für darin propagierende Photonen [29, 30]. Ist die Wellenlänge der Photonen in der Größenordnung der räumlichen Periodizität des photonischen Kristalls, so kann sich eine photonische Bandstruktur mit photonischer Bandlücke, ähnlich der elektronischen Bandlücke eines Halbleiters, ergeben [31, 32]. Dies ist der anwendungsrelevante Fall eines photonischen Kristalls. Für verglichen mit der Periode des photonischen Kristalls große Wellenlängen kann der photonische Kristall mit Hilfe eines effektiven Brechungsindex beschrieben werden. Für verglichen mit der Periode kleine Wellenlängen kann die Fortpflanzung des Lichts durch die Gesetze der geometrischen Optik beschrieben werden.

Die elektromagnetischen Eigenzustände eines photonischen Kristalls werden wie für den dielektrischen Wellenleiter durch Lösung der Wellengleichung [2.7], jedoch mit periodischer Permittivität $\eta_r(\vec{r})$, bestimmt. Für die Charakterisierung dieser Eigenmoden ist das Bloch-Theorem grundlegend [26, 27, 33]. Setzen wir dazu

$$\hat{O} := \mathrm{rot}\big(\eta_r(\vec{r})\mathrm{rot}\big) \tag{2.34}$$

als Differentialoperator auf einer Wellenfunktion, so lässt sich die Wellengleichung [2.7] für zeitharmonische Felder als Eigenwertgleichung für den Operator $\hat{O}$ mit den zugehörigen Eigenwerten ω^2/c^2 schreiben:

$$\hat{O}\vec{H}(\vec{r}) = \frac{\omega^2}{c^2}\vec{H}(\vec{r}). \tag{2.35}$$

Die Frequenzen der Moden des photonischen Kristalls mit der periodischen dielektrischen Verteilung $\eta_r(\vec{r})$ sind dann als Eigenwerte des Operators $\hat{O}$ gegeben. Das Bloch-Theorem besagt nun, dass die Eigenfunktionen von $\hat{O}$ als Produkt aus einer ebenen Welle mit einer gitterperiodischen Funktion geschrieben werden können:

$$\vec{H}_{nk}(\vec{r}) = e^{i\vec{k}\vec{r}}\vec{u}_{nk}(\vec{r}),$$
$$\vec{u}_{nk}(\vec{r}+\vec{a}) = \vec{u}_{nk}(\vec{r}) \quad \text{für } \vec{a} = \text{Gittervektor.} \tag{2.36}$$

n nummeriert dabei die Moden, während $\vec{k}$ den Wellenvektor der ebenen Welle darstellt. Die Funktion $\vec{u}_{nk}$ ist gitterperiodisch und kann entsprechend Gleichung [2.31] in eine Fourierreihe entwickelt werden. Die gesamte Bandstruktur des photonischen Kristalls ist damit gegeben durch die mit n und $\vec{k}$ durchnummerierten Eigenwerte des Operators $\hat{O}$:

$$\{\omega_n(\vec{k})|n \in \mathbb{N}, \vec{k} \in \mathbb{R}^3\}. \qquad [2.37]$$

Die Darstellung der Bandstruktur kann dabei aufgrund von Gitterperiodizität im reziproken Raum auf die erste Brillouinzone beschränkt werden:

$$\{\omega_n(\vec{k})|n \in \mathbb{N}, \vec{k} \text{ innerhalb erster Brillouinzone}\}. \qquad [2.38]$$

Die Bandstruktur sowie die zugehörigen Eigenmoden können durch Entwicklung der elektromagnetischen Felder nach ebenen Wellen berechnet werden. Für den in dieser Arbeit relevanten Fall eines zweidimensionalen photonischen Kristalls geht man dazu wie schon beim dielektrischen Schichtwellenleiter von den skalaren Wellengleichungen für Translationsinvarianz der Felder und Dielektrika in einer Raumrichtung aus. Die Translationssymmetrie sei hier in Richtung der x-Achse gegeben, also $\partial_x \eta_r = \partial_x H = \partial_x E = 0$, womit sich die skalaren Wellengleichungen für zeitharmonische Felder wie folgt ergeben:

$$\eta_r(\vec{r}) \left(\frac{\partial^2}{\partial y^2} + \frac{\partial^2}{\partial z^2} \right) E_x(\vec{r}) + \frac{\omega^2}{c^2} E_x(\vec{r}) = 0, \qquad [2.39]$$

$$\frac{\partial}{\partial y} \eta_r(\vec{r}) \frac{\partial}{\partial y} H_x(\vec{r}) + \frac{\partial}{\partial z} \eta_r(\vec{r}) \frac{\partial}{\partial z} H_x(\vec{r}) + \frac{\omega^2}{c^2} H_x(\vec{r}) = 0. \qquad [2.40]$$

Für einen zweidimensionalen photonischen Kristall wird hierbei im Gegensatz zum Schichtwellenleiter der erste Fall als TM- und der zweite als TE-Polarisation bezeichnet. Die Felder werden nun dem Bloch-Theorem entsprechend in eine Fourierreihe über die zweidimensionalen reziproken Gittervektoren $\vec{G}$ mit den Fourierkoeffizienten e_G und h_G entwickelt:

$$E_{k,x}(\vec{r}) = \sum_{\vec{G}} e_G e^{i(\vec{k}+\vec{G})\vec{r}}, \qquad [2.41]$$

$$H_{k,x}(\vec{r}) = \sum_{\vec{G}} h_G e^{i(\vec{k}+\vec{G})\vec{r}}. \qquad [2.42]$$

Genauso wird die Permittivität $\eta_r(\vec{r}) \equiv \varepsilon_r^{-1}(\vec{r})$ in eine Fourierreihe entwickelt:

$$\eta_r(\vec{r}) = \sum_{\vec{G}} \eta_G e^{i\vec{G}\vec{r}}. \qquad [2.43]$$

Einsetzen der Summen in die skalaren Wellengleichungen liefert folgende Eigenwertgleichungen für die beiden Polarisationen:

$$\sum_{\vec{G}'} |\vec{k}+\vec{G}||\vec{k}+\vec{G}'|\eta_{G-G'} e_{G'} = \frac{\omega^2}{c^2} e_{G}, \qquad [2.44]$$

$$\sum_{\vec{G}'} (\vec{k}+\vec{G})(\vec{k}+\vec{G}')\eta_{G-G'} h_{G'} = \frac{\omega^2}{c^2} h_{G}. \qquad [2.45]$$

Um diese Eigenwertgleichungen numerisch zu lösen, kann man die Summe über $\vec{G}$ nach endlich vielen Summanden abbrechen. Bricht man nach n_G Summanden ab, so erhält man je ein n_G-dimensionales Eigenwertproblem. Lösen des Eigenwertproblems für einen bestimmten Vektor $\vec{k}$ liefert die Eigenwerte ω_n^2/c^2 sowie die Fourierkoeffizienten e_G oder h_G für die zugehörigen Eigenmoden, wobei n als so genannter Bandindex die verschiedenen Lösungen durchnummeriert. Berechnung der Eigenwerte für verschiedene Vektoren $\vec{k}$ liefert dann die Banddispersion $\omega_n(\vec{k})$ und die Bandstruktur, welche meist über den Punkten hoher Symmetrie der ersten Brillouinzone aufgetragen wird. Ein Beispiel einer photonischen Bandstruktur in transversal elektrischer Polarisation für einen zweidimensionalen photonischen Kristall ist in Abbildung 2.5 gezeigt.

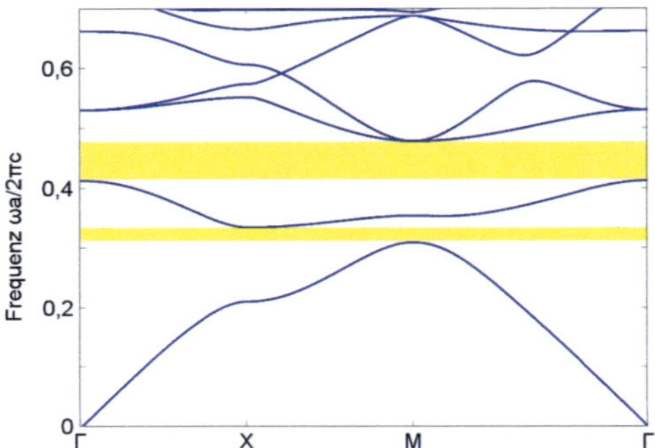

Abb. 2.5: Photonische Bandstruktur der transversal elektrischen Moden für einen zweidimensionalen photonischen Kristall bestehend aus einer quadratischen Anordnung von Löchern mit Radius $r = 0{,}3\,a$ in Silizium ($n = 3{,}4$) aufgetragen über den Hochsymmetrielinien der ersten Brillouinzone. Die Bandlücken sind gelb markiert.

2.2.1 Photonische Kristallschichten

Photonische Kristalle für den sichtbaren oder infraroten Spektralbereich sind aufgrund deren komplexer Topologie und der geringen Strukturgrößen im Allgemeinen aufwendig herzustellen [34–37]. Für Anwendungen in der integrierten Optik sind dreidimensionale oder auch zweidimensionale photonische Kristalle daher kaum geeignet. Hier bieten sich so genannte photonische Kristallschichten, also in Schichtwellenleitern integrierte photonische Kristallstrukturen, an [38]. Diese sind durch herkömmliche planare Prozesstechnologien herstellbar und können gut in integriert optischen Systemen untergebracht werden. Eine photonische Kristallschicht ist in Abbildung 2.6 schematisch dargestellt.

Photonische Kristallschichten kombinieren die Eigenschaften dielektrischer Schichtwellenleiter und zweidimensionaler photonischer Kristalle. Das vertikale Brechungsindexprofil des Schichtwellenleiters führt hierbei zur Ausbildung geführter Moden. Diese Moden wechselwirken dann zusätzlich mit dem periodischen Streupotential des pho-

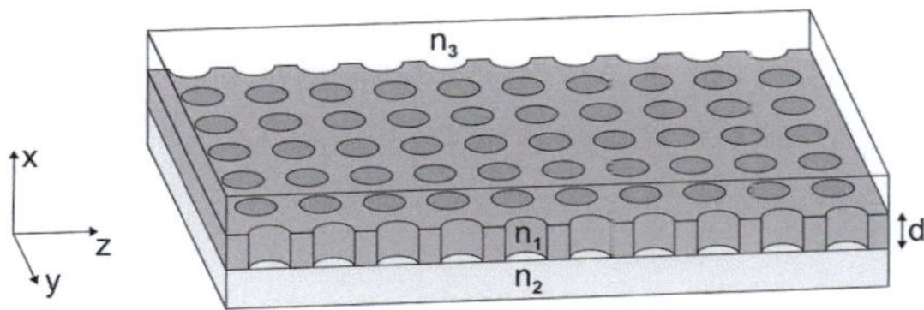

Abb. 2.6: Schema einer photonischen Kristallschicht mit quadratischer Kristallstruktur.

tonischen Kristalls, wodurch sich hier ebenfalls Blochmoden ausbilden. Im Vergleich zum zweidimensionalen photonischen Kristall sind diese nun in vertikaler Richtung in der photonischen Kristallschicht lokalisiert. Für die geführten Blochmoden bildet sich auch hier eine Bandstruktur aus wie exemplarisch in Abbildung 2.7 gezeigt. Diese ist jedoch durch den Lichtkegel der Mantelschichten des Schichtwellenleiters begrenzt. So können Moden, die im Banddiagramm innerhalb des Lichtkegels liegen (grauer Bereich in Abbildung 2.7), an das Strahlungsfeld der Mantelschichten ankoppeln und sind daher nicht in der photonischen Kristallschicht geführt. Durch die fehlende vertikale Trans-

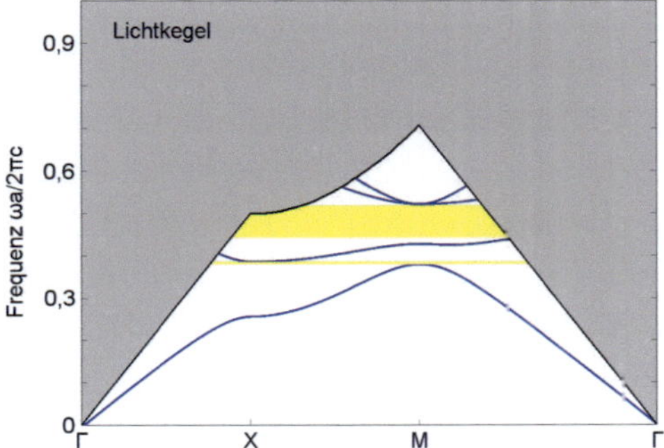

Abb. 2.7: Photonische Bandstruktur und Lichtkegel der quasi TE-Moden einer photonischen Kristallschicht bestehend aus einer quadratischen Anordnung von Löchern mit Radius $r = 0{,}3\,a$ in einer Siliziumschicht ($n = 3{,}4$) der Dicke $d = 0{,}3\,a$. Die Bandlücken sind gelb eingezeichnet.

lationsinvarianz der photonischen Kristallschicht sind die resultierenden Blochmoden ähnlich wie im Fall des Streifenwellenleiters nicht mehr transversal elektrisch oder magnetisch polarisiert, sondern werden nach vorwiegenden Feldanteilen als quasi TE- oder quasi TM-polarisiert unterteilt.

Bandstruktur und Eigenmoden einer photonischen Kristallschicht lassen sich durch verschiedene Methoden berechnen. Eine Methode ist die geführte Moden-Entwicklung, bei der zunächst die geführten Moden des Schichtwellenleiters ausgerechnet werden. Die elektrischen und magnetischen Felder werden dann in eine Reihe dieser geführten Moden entwickelt. Dies ist analog zum Vorgehen bei der ebenen Wellen-Entwicklung. Bei der Superzellenmethode wird dagegen aus vielfach übereinander angeordneten photonischen Kristallschichten ein dreidimensionaler photonischer Kristall erzeugt. Dessen Eigenmoden enthalten dann auch die Eigenmoden der photonischen Kristallschicht. Zur Abschätzung der Bandstruktur einer photonischen Kristallschicht ist jedoch meist eine zweidimensionale Bandstrukturrechnung, bei der statt des realen Brechungsindex der effektive Brechungsindex $n_{\mathrm{eff}} = \beta/k$ des zugrunde liegenden dielektrischen Schichtwellenleiters verwendet wird, ausreichend [39].

2.2.2 Photonische Kristallkavitäten

Werden in photonische Kristallstrukturen nun strukturelle Defekte eingebracht, so wird die diskrete Translationssymmetrie des Kristalls aufgehoben, und es bilden sich neue Eigenmoden. Für einen photonischen Kristall mit photonischer Bandlücke können sich dabei im Defekt lokalisierte Eigenmoden, deren Frequenz in der Bandlücke liegt, ausbilden [40–42]. Die Defektmoden eines photonischen Kristalls lassen sich mit Hilfe von Superzellen und der bekannten ebenen Wellen-Entwicklung berechnen [43, 44]. Dazu wird um den Defekt eine Superzelle der Größe gewählt, dass das Feld der im Defekt lokalisierten Mode bis zum Rande der Superzelle hin genügend abgefallen ist. Aus diesen Superzellen wird dann ein photonischer Kristall zusammengesetzt, dessen Eigenmoden auch die Moden des Defekts enthalten. Durch die Bandstrukturrechnung des zusammengesetzten Kristalls erhält man also auch die Defektmoden.

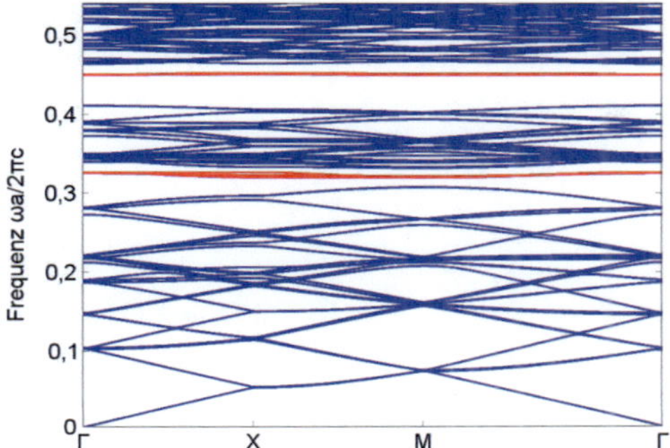

Abb. 2.8: Photonische Bandstruktur der TE-Moden für einen zweidimensionalen photonischen Kristall bestehend aus einer quadratischen Anordnung von Löchern mit Radius $r = 0{,}3\,a$ in Silizium ($n = 3{,}4$) mit einem durch ein fehlendes Loch manifestierten Punktdefekt. Die Defektbänder in den Bandlücken sind rot aufgetragen. Zur Berechnung wurde eine 5x5-Superzelle verwendet.

Ein Banddiagramm einer Superzellenrechnung ist in Abbildung 2.8 gezeigt. Die lokalisierten Defektmoden können mit den rot aufgetragenen dispersionsfreien Linien in der Bandlücke identifiziert werden.

Durch Rückstreuung an den umliegenden Einheitszellen des photonischen Kristalls kann Licht einer bestimmten Resonanzfrequenz also in einem kleinen Volumen um den Defekt lokalisiert werden [26, 45]. Der Defekt bildet so eine Kavität im photonischen Kristall. Der Gütefaktor Q einer Eigenmode mit Frequenz ω_0 ist über das Verhältnis der in der Kavität eingeschlossenen Feldenergie zur nach außen abgestrahlten Leistung folgendermaßen gegeben [46]:

$$Q = \omega_0 \frac{\text{gespeicherte Energie}}{\text{Verlustleistung}} = \omega_0 \frac{U}{P}. \qquad [2.46]$$

Die Verlustleistung P ist proportional zur in der Kavität gespeicherten Energie U, womit sich für die gespeicherte Feldenergie ein exponentieller zeitlicher Zusammenhang ergibt:

$$U(t) = U_0 e^{-\frac{\omega_0}{Q}t}. \qquad [2.47]$$

Die Amplitude der in der Kavität verteilten Felder muss dem gleichen zeitlichen Zusammenhang wie die Feldenergie U genügen, woraus durch Fouriertransformation die spektrale Energiedichte bestimmt werden kann.

$$|E(\omega)|^2 \propto \frac{1}{(\omega - \omega_0)^2 + (\frac{\omega_0}{2Q})^2}. \qquad [2.48]$$

Dies ist eine Lorentzverteilung, deren Halbwertsbreite $\Delta\omega = \omega_0/Q$ entspricht. Eine solche Lorentzkurve ist beispielhaft in Abbildung 2.9 gezeigt. Wird die Kavität innerhalb des photonischen Kristalls in Transmission vermessen, so ergibt sich in der Umgebung der Resonanzfrequenz ω_0 das Profil der Lorentzkurve als Transmissionsspektrum. Dies kann man sich für Sensoren oder Filter zunutze machen.

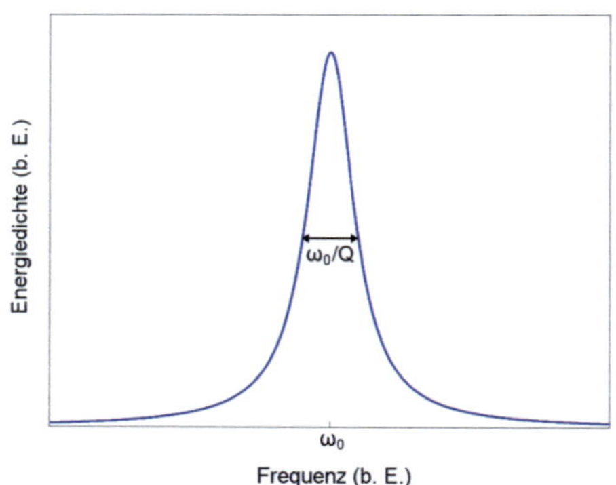

Abb. 2.9: Lorentzkurve mit Halbwertsbreite $\Delta\omega = \omega_0/Q$.

Die Güte der Kavität innerhalb des photonischen Kristalls hängt im Fall eines reinen photonischen Kristalls von der Anzahl der den Defekt umgebenden Einheitszellen bis zum Rand des photonischen Kristalls ab. Ist der Defekt allerdings in einer photonischen Kristallschicht integriert, so kann die im Defekt lokalisierte Mode nicht nur entlang der photonischen Kristallschicht, sondern auch vertikal dazu in die Mantelschichten Energie abstrahlen. Die vertikale Abstrahlung ist dabei kritisch für die Güte der Kavität und hängt vom Brechungsindexkontrast zwischen Kern- und Mantelschicht sowie der geometrischen Ausprägung des Defektes und der umliegenden Einheitszellen im photonischen Kristall ab.

2.3 Mikrodisks

Mikrodisks bestehen aus einer hochbrechenden zylindrischen Scheibe, die von niedrigbrechendem Mantelmaterial umgeben ist, wie in Abbildung 2.10 schematisch dargestellt. Die Abmessungen des Zylinders liegen dabei in der Größenordnung der Wellenlänge des verwendeten Lichts. Im Gegensatz zu photonischen Kristallkavitäten kann

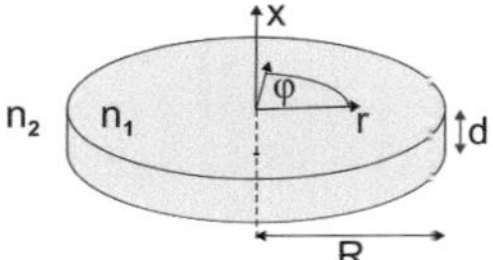

Abb. 2.10: Schema einer dielektrischen Mikrodisk.

Licht in Mikrodisks durch die Ausbildung von Flüstergaleriemoden lokalisiert werden [47, 48]. Zur Berechnung dieser sich in der Mikrodisk ausbildenden lokalisierten Eigenmoden muss wie schon im Fall des photonischen Kristalls die Wellengleichung gelöst werden. Die Wellengleichung wird dabei angepasst an die geometrischen Vorgaben der Mikrodisk in Zylinderkoordinaten betrachtet. Für in vertikaler Raumrichtung stark eingeschlossene Moden kann die Wellengleichung hierbei durch Produktansatz auf ein zweidimensionales Problem reduziert werden. Dies führt zu skalaren Wellengleichungen ähnlich [2.10] und [2.11] für TE- und TM-Polarisation. Die Nomenklatur der Polarisation ist hier wie im Fall des photonischen Kristalls. Diese Wellengleichungen werden nun durch weitere Trennung der Variablen gelöst [49]. Für den Fall der TM-Polarisation wird das in x-Richtung polarisierte elektrische Feld also zunächst durch Produktansatz in eine Ebenenkomponente T und eine Vertikalkomponente W getrennt:

$$E_x(r, \varphi, x) = T(r, \varphi)W(x). \qquad [2.49]$$

Einsetzen in die Wellengleichung für E in Zylinderkoordinaten führt zu

$$\frac{1}{T}\left(\frac{\partial^2}{\partial r^2} + \frac{1}{r}\frac{\partial}{\partial r} + \frac{1}{r^2}\frac{\partial^2}{\partial \varphi^2}\right)T + \frac{1}{W}\frac{\partial^2}{\partial x^2}W + k^2 n^2(\vec{r}) = 0. \qquad [2.50]$$

Unter Zuhilfenahme des effektiven Brechungsindex $n_{\mathrm{eff}} = \beta/k$ lässt sich die zweidimensionale Wellengleichung

$$\frac{1}{r}\frac{\partial T}{\partial r} + \frac{\partial^2 T}{\partial r^2} + \frac{1}{r^2}\frac{\partial T}{\partial \varphi^2} + k^2 n_{\mathrm{eff}}^2(r)T = 0 \qquad [2.51]$$

formulieren. Zur konsistenten Lösung von [2.50] muss $W(x)$ daher der Gleichung

$$\frac{\partial^2 W}{\partial x^2} + k^2\left(n^2(x) - n_{\mathrm{eff}}(r)\right)W = 0 \qquad [2.52]$$

genügen. Durch weiteren Produktansatz $T(r, \varphi) = U(r)V(\varphi)$ lassen sich auch die Variablen r und φ separieren. Es ergibt sich

$$\frac{1}{r}\frac{\partial U}{\partial r} + \frac{\partial^2 U}{\partial r^2} + \left(k^2 n_{\mathrm{eff}}^2(r) - \frac{m^2}{r^2}\right)U = 0 \qquad [2.53]$$

und

$$\frac{\partial V}{\partial \varphi^2} + m^2 V = 0. \qquad [2.54]$$

Die Differentialgleichungen für die Variablen x, r und φ können nun unabhängig voneinander gelöst werden. Die Lösung für Gleichung [2.52] ist analog zum Fall des dielektrischen Schichtwellenleiters,

$$W(x) = \begin{cases} Ae^{-\delta x} & \text{für } x \geq 0, \\ A\cos \kappa x + B\sin \kappa x & \text{für } 0 \geq x \geq -d, \\ (A\cos \kappa d + B\sin \kappa d)e^{\gamma(x+d)} & \text{für } x \leq -d, \end{cases} \qquad [2.55]$$

mit den bekannten Propagationskonstanten κ, γ und δ. A und B ergeben sich dabei wieder aus den Stetigkeitsbedingungen an Ober- und Unterseite des Zylinders. Die Lösungen der Differentialgleichung für r sind im Inneren durch Besselfunktionen erster Art und im Äußeren durch Hankelfunktionen zweiter Art gegeben. Die Hankelfunktionen lassen sich hierbei gut durch einen exponentiell abfallenden Term approximieren,

$$U(r) = \begin{cases} J_m\left(kn_{\text{eff}}^2 r\right) & \text{für } r \leq R, \\ J_m\left(kn_{\text{eff}}^2 R\right) e^{-k\sqrt{n_{\text{eff}}^2 - n_2^2}(r-R)} & \text{für } r \geq R. \end{cases} \qquad [2.56]$$

Die Azimutalgleichung kann schließlich durch den Ansatz

$$V(\varphi) \propto e^{\pm im\varphi}, \quad m \in \mathbb{N} \qquad [2.57]$$

gelöst werden. m gibt hierbei die Anzahl der in azimutaler Richtung auftretenden Maxima der Eigenmode, einer so genannten Flüstergaleriemode [50], an. Die Propagationskonstante k kann wieder durch die Stetigkeitsbedingungen entlang der Seitenwand des Zylinders bestimmt werden. Zu einer schnellen Abschätzung der Resonanzfrequenz kann darüber hinaus die approximative Gleichung

$$kRn \approx m, \quad m \in \mathbb{N} \qquad [2.58]$$

verwendet werden [51].

Die Ankopplung eines Mikrodisk-Resonators an einen Wellenleiter geschieht im Vergleich zu einer direkt in einen Wellenleiter integrierbaren photonischen Kristallschicht durch das evaneszente Feld des nahe der Mikrodisk tangential verlaufenden Wellenleiters, wie in Abbildung 2.11 schematisch dargestellt. Die Kopplung zwischen Mikrodisk und Wellenleiter wird dabei durch den Überlapp beider Eigenmoden bestimmt. Diese sind in Abbildung 2.11 ebenfalls schematisch eingezeichnet.

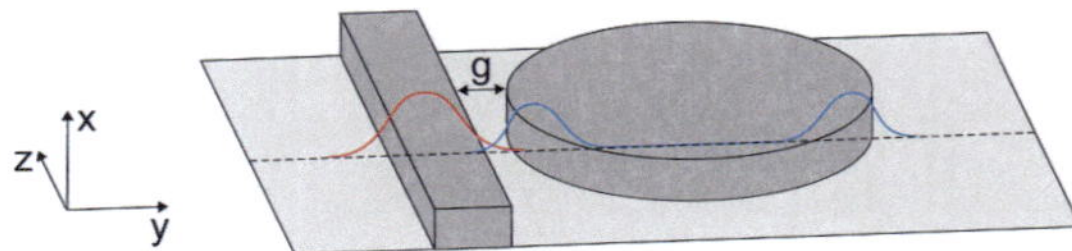

Abb. 2.11: Schema einer an einen Streifenwellenleiter angekoppelten Mikrodisk sowie der zugehörigen Eigenmodenprofile.

Durch destruktive Interferenz mit dem aus dem Zylinder in den Wellenleiter ausgekoppelten Licht ergibt sich bei den Resonanzfrequenzen der Mikrodisk ein Einbruch im Transmissionssignal entlang des Wellenleiters, im Gegensatz zur Spitze im Transmissionsspektrum einer photonischen Kristallkavität. Der Transmissionseinbruch hängt dabei vom Verhältnis des aus dem Resonator in den Wellenleiter überkoppelnden Lichts zu dem entlang des Wellenleiters transmittierten Licht ab [52]. Für Anwendungen ist hierbei meist der Fall kritischer Kopplung erwünscht, bei dem dieses Verhältnis eben eins wird. Der Gütefaktor eines Mikrodisk-Resonators, welcher die Breite des Einbruchs bestimmt, hängt im Wesentlichen vom Brechungsindexverhältnis zwischen Zylinder und Mantel, deren Grenzflächenqualität sowie deren intrinsischer Absorption ab. Da durch den Kreis die perfekte Form dieses Resonatortyps gegeben ist, gibt es im Vergleich mit photonischen Kristallen keine Möglichkeiten, die Geometrie des Resonators zu verbessern. Die Herausforderung besteht hier also für vorgegebene Materialien in einer möglichst guten Umsetzung der Kreisgeometrie mit fehlerfreien Grenzflächen.

3 Konzepte zur Integration eines optischen Sensors auf Polymerbasis

Ein integriert optischer Sensor [53, 54] besteht aus einer Lichtquelle, dem Sensorsystem und einem Detektor. Eine Prinzipskizze eines optischen Sensors zeigt Abbildung 3.1. Die Lichtquelle kann eine breitbandige Lichtquelle, ein Laser oder stimmbarer La-

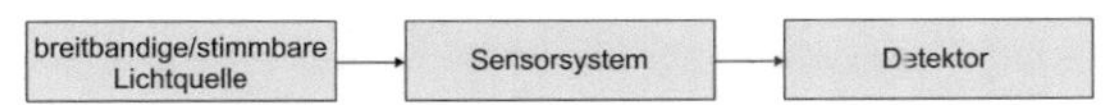

Abb. 3.1: Schematisches Funktionsprinzip eines optischen Sensors.

ser sein. Das Sensorsystem bringt den zu untersuchenden meist wässrigen Analyten mit dem von der Quelle kommenden Licht in Wechselwirkung [55]. Dies kann dabei im Allgemeinen durch verschiedene Wechselwirkungsprinzipien wie Absorption, Fluoreszenzanregung oder Polarisierbarkeits- und Brechungsindexänderung erfolgen. Der Detektor kann eine einfache Photodiode, ein Spektrometer oder ein abbildendes System darstellen. Im Rahmen dieser Arbeit soll die Fluoreszenzanregung sowie die Polarisierbarkeits- oder Brechungsindexänderung detektiert werden.

In diesem Kapitel werden drei im Rahmen dieser Arbeit entwickelte Konzepte zur Integration eines optischen Sensors in einen Polymerchip vorgestellt. Diese Systeme können dabei prinzipiell auch in anderen Materialien ausgeführt werden. Hier wurde aufgrund der Biokompatibilität und Flexibilität von Polymermaterialen ein Polymeransatz für die Anwendung im sichtbaren Spektralbereich verfolgt. Das im ersten Abschnitt vorgestellte Konzept behandelt die Realisierung von Fluoreszenzanregung mittels eines integrierten Wellenleiters. Das zweite Konzept im darauffolgenden Abschnitt behandelt die Transmissionsmessung durch eine integrierte photonische Kristallschicht. Der dritte Abschnitt stellt ein ähnliches Konzept zur Transmissionsmessung durch einen integrierten Streifenwellenleiter, der an eine Mikrodisk angekoppelt ist, vor. Diese drei Konzepte bilden den Kern der vorliegenden Arbeit und kehren in den folgenden Kapiteln wieder, wobei in Kapitel 4 jeweils die Auslegung der für die Konzepte notwendigen optischen Komponenten, in Kapitel 5 die Umsetzung der Konzepte und in Kapitel 6 die optische Charakterisierung der nach den Konzepten hergestellten Demonstratoren behandelt wird.

3.1 Fluoreszenzanregung über Polymerwellenleiter

Die Anregung und Messung von Fluoreszenz ist heutzutage eine der gebräuchlichsten Untersuchungsmethoden in der Biochemie und Zellbiologie [56, 57]. Hierbei wird ein fluoreszierender Analyt mit Licht einer bestimmten Wellenlänge angeregt und emittiert rotverschobenes Licht, welches detektiert wird. Die Anregungs- und Emissionsspektren sind dabei für die fluoreszierenden Moleküle im Analyten charakteristisch. Somit kann man die fluoreszierenden Moleküle mittels Fluoreszenzanregung direkt oder indirekt über fluoreszierende Markermoleküle, welche spezifisch an zu detektierende Zellen oder Moleküle ankoppeln, detektieren. Ein typisches Absorptions- und Emissionsspektrum eines Farbstoffs zeigt Abbildung 3.2. Die Stokesverschiebung zwischen Anregungs- und Emissionslicht liegt dabei in der Größenordnung von einigen 10 nm, so dass die Maxima der Absorptions- und Emissionsspektren typischerweise nahe zusammen liegen. Daher ist eine schmalbandige Anregungsquelle notwendig, um einen Überlapp zwischen Emissionslicht und Anregungslicht zu vermeiden. Ein Laser, dessen Wellenlänge auf das Absorptionsspektrum des fluoreszierenden Markers angepasst ist, ist also als Lichtquelle vorteilhaft [58].

Zur Umsetzung der Fluoreszenzanregung für integrierte optische Sensorsysteme wird das allgemeine Prinzip auf einen integriert optischen Chip übertragen [59]. Die Anregung der fluoreszierenden Moleküle kann über einen externen oder einen auf dem Substrat integrierten Laser realisiert werden, wobei das Anregungslicht über Wellenleiter zum Analyten geführt wird. Der Analyt kann direkt angestrahlt [59, 60] oder über eva-

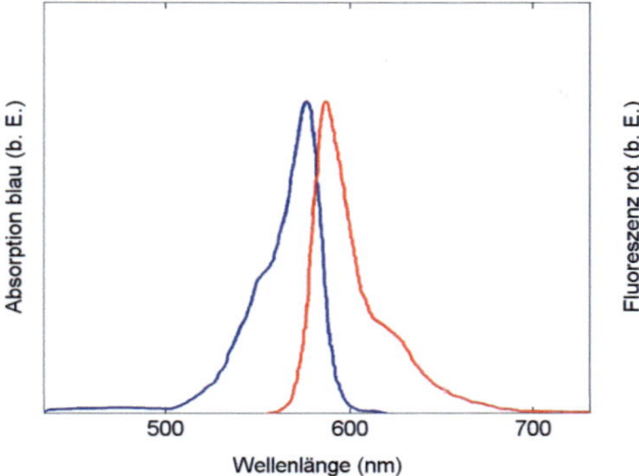

Abb. 3.2: Typisches Absorptions- (blau) und Emissionsspektrum (rot) eines Farbstoffs am Beispiel des Farbstoffs Atto 565.

neszente Feldanteile an das Anregungslicht angekoppelt werden [61–64]. Die Detektion erfolgt mittels eines externen Abbildungssystems, welches mit den in der Fluoreszenzmikroskopie üblichen Filtern zur Unterdrückung der Anregungswellenlänge ausgestattet ist. Das beschriebene Detektionsprinzip ist in Abbildung 3.3 dargestellt.

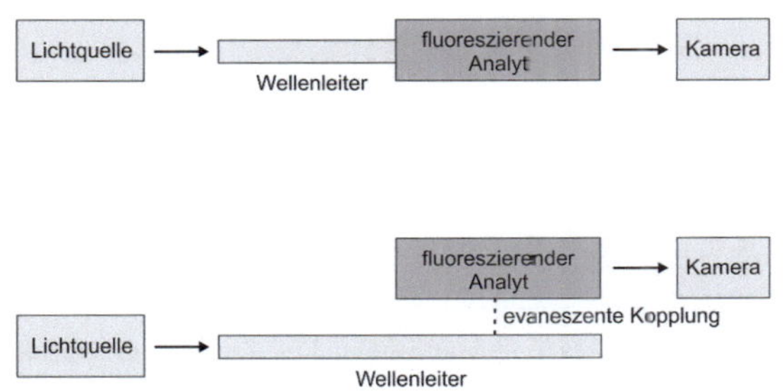

Abb. 3.3: Schema verschiedener Fluoreszenzdetektionsmethoden.

Das Prinzip der Fluoreszenzanregung wurde in dieser Arbeit in einen integriert optischen Polymerchip umgesetzt. Dazu wurde ein dielektrischer Streifenwellenleiter, wie in Abbildung 3.4 gezeigt, zugrunde gelegt.

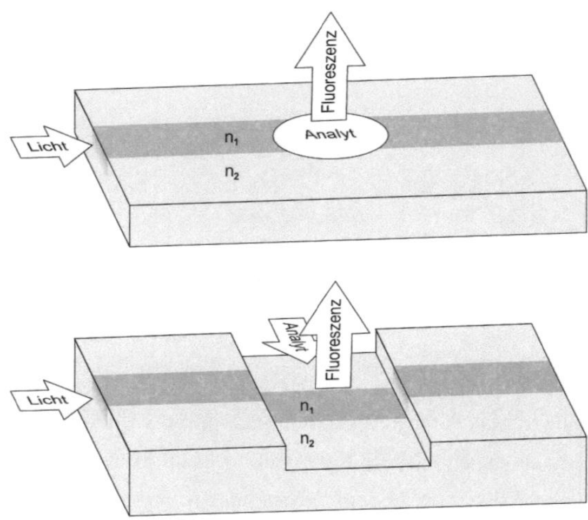

Abb. 3.4: Schema des Fluoreszenzsensors zur Fluoreszenzanregung mittels eines integrierten optischen Polymerwellenleiters. Anregung über das evaneszente Feld des Wellenleiters oben und direkte Anregung über den Wellenleiter unten.

Dieser ist hier durch Bestrahlung mit UV-Licht in ein Polymethylmethacrylatsubstrat (PMMA) prozessiert und zeigt ein exponentielles Brechungsindexprofil. Der Streifenwellenleiter durchzieht das Substrat komplett oder wird durch einen in das Substrat einprozessierten Kanal senkrecht gekreuzt. Das Licht des Anregungslasers wird an der Endfacette des Streifenwellenleiters eingekoppelt. Das Fluoreszenzlicht wird durch ein über dem Chip justiertes Objektiv eingefangen. Für den Fall der direkten Fluoreszenzanregung wird der Analyt hierbei im Kanal geführt und durch das entlang des Streifenwellenleiters propagierende Anregungslicht angestrahlt. Für den Fall der evaneszenten Fluoreszenzanregung wird der Analyt auf den durchgehenden Streifenwellenleiter gebracht und durch die evaneszenten Feldanteile des entlang des Wellenleiters propagierenden Lichts zur Fluoreszenz angeregt. Dieses Sensorkonzept wird in der vorliegenden Arbeit als „Fluoreszenzsensor" bezeichnet.

3.2 Transmissionsmessung durch photonische Kristallschichten

Ein vielversprechendes Detektionsprinzip für integrierte optische Sensoren ist die Messung des Spektrums photonischer Resonatoren wie die des Transmissionsspektrums eines photonischen Kristalls. Durch Veränderung der Polarisierbarkeit innerhalb oder in direkter Umgebung des Resonators, beispielsweise durch Anlagerung eines Moleküls, wird das Transmissionsspektrum des Resonators verändert. Die Empfindlichkeit der Messung hängt dabei von der Feinheit des betrachteten spektralen Merkmals ab, im Fall eines photonischen Stoppbandes von dessen Flankensteilheit, im Fall der Resonanz einer Kavität vom zugehörigen Gütefaktor. Für ein integriertes optisches System besteht hierbei die Möglichkeit, den Resonator direkt in einen optischen Wellenleiter einzubringen und das Transmissionsspektrum durch den Resonator zu messen, wie in Abbildung 3.5 schematisch gezeigt. Für den Fall eines photonischen Stoppbandes zeigt sich dieses dabei als breitbandiger Einbruch im Transmissionsspektrum, für die detektierte Resonanz einer Kavität als Transmissionsspitze. Durch chemische Modifikation des Resonators erfährt das Spektrum in beiden Fällen eine Verschiebung.

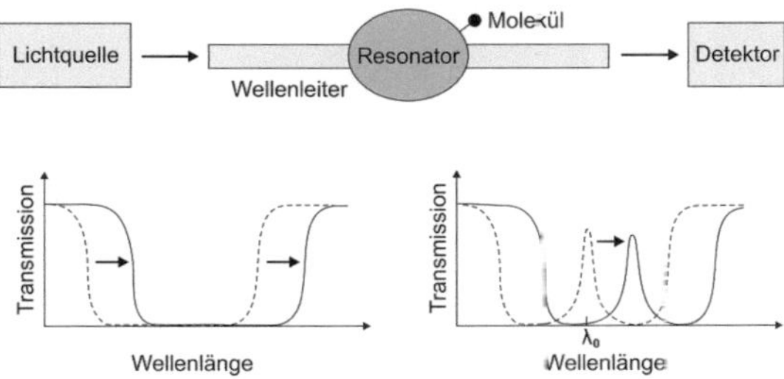

Abb. 3.5: Schematisches Messprinzip eines in einen Wellenleiter integrierten Resonators und zugehöriges Transmissionsspektrum mit Stoppband für einen photonischen Kristall (links) und mit Resonanz im Stoppband für einen photonischen Kristall mit integrierter Kavität (rechts).

Dieses Messprinzip wurde im Rahmen dieser Arbeit in ein Sensorkonzept mit photonischen Kristallen, welche in der Form photonischer Kristallschichten direkt in dielektrische Wellenleiter integriert werden können, umgesetzt. Das Sensorkonzept ist in Abbildung 3.6 dargestellt. Hierbei wird von einem dielektrischen Schichtwellenleiter ausgegangen, welcher die geführten Moden gut einschließt.

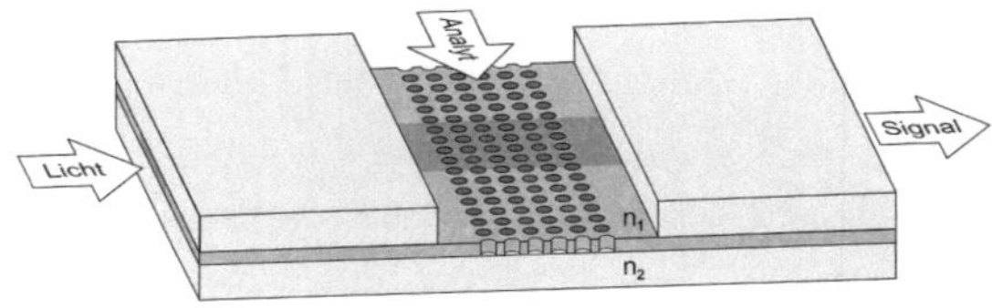

Abb. 3.6: Schema des photonischen Kristallschichtsensors zur Transmissionsmessung durch eine photonische Kristallschicht im Boden eines mikrofluidischen Kanals.

Dies ist notwendig, um beim Übergang zur photonischen Kristallschicht die vertikale Führung der Blochmoden zu gewährleisten sowie um ein signifikantes Transmissionssignal des photonischen Kristalls zu realisieren. Für schwache Führung würde der Großteil der Mode ober- und unterhalb der photonischen Kristallschicht propagieren und somit nicht zum Transmissionssignal des photonischen Kristalls beitragen.

Da starke Modenführung notwendig ist, muss der Brechungsindexkontrast zwischen Kern und Mantel groß sein. Dementsprechend wird hier ein Schichtaufbau aus Materialien mit signifikantem Brechungsindexunterschied gewählt. Zusätzlich soll im Kern eine photonische Kristallstruktur für sichtbares Licht, deren typische Abmessungen im Bereich von hunderten Nanometern liegen, integriert werden. Dazu eignet sich ein im Submikrometerbereich strukturierbares Polymer wie PMMA, dessen Brechungsindex bei $n \approx 1,5$ liegt [65]. Um den Brechungsindexkontrast mit dem Mantel zu realisieren, wird in dieser Arbeit ein amorphes Fluoropolymer mit Brechungsindex $n \approx 1,3$ verwendet. Hierbei handelt es sich um ein lösliches Copolymer, dessen chemische und optische Eigenschaften denen von Polytetrafluorethylen ähneln. Es wird daher in dieser Arbeit vereinfachend mit „Teflon" bezeichnet. Bei beiden Polymeren ist außerdem die zum Einsatz in einem biochemischen Sensor notwendige Biokompatibilität gegeben. Der meist wässrige Analyt mit Brechungsindex $n \approx 1{,}3$, welcher zur photonischen Kristallstruktur gelangen und mit dem elektromagnetischen Feld des photonischen Kristalls in Wechselwirkung treten soll, wird über einen mikrofluidischen Kanal, der oberhalb der photonischen Kristallschicht in den Mantel eingeschnitten ist, zur Wechselwirkungszone geführt. Das Detektionslicht, welches hier breitbandig oder durchstimmbar sein soll, wird über die Endfacette des Wellenleiters in den Chip eingekoppelt, das transmittierte Licht wird über die gegenüberliegende Endfacette ausgekoppelt und zu einem Detektor geleitet.

Insgesamt besteht der Chip aus einem stark führenden Schichtwellenleiter, der stückweise in eine photonische Kristallschicht mit oder ohne kavitätsbildenden strukturellen Defekt übergeht. Der Mantel oberhalb des photonischen Kristalls ist derart gestaltet, dass sich darin ein Kanal, welcher den Analyten zum photonischen Kristall führt, senkrecht zur Propagationsrichtung des Lichts bildet. Das im Streifenwellenleiter propagierende Licht kann durch leichte seitliche Brechungsindexmodifikation zusätzlich lateral geführt werden (siehe Abbildung 3.6). Dies kann beispielsweise durch Bestrahlung der wellenleitenden PMMA-Schicht mit UV-Licht erreicht werden. Dieses Sensorkonzept wird in der vorliegenden Arbeit als „photonischer Kristallschichtsensor" bezeichnet.

3.3 Transmissionsmessung integrierter Mikrodisks

Anders als beim mittels eines photonischen Kristalls umgesetzten Messprinzip kann ein photonischer Resonator auch außerhalb des Wellenleiters über das evaneszente Feld angekoppelt sein [9, 66]. Hier stellen sich Resonanzen als Einbrüche im Transmissionsspektrum dar, da sich in Resonanz das aus dem Resonator ausgekoppelte und das entlang des Wellenleiters transmittierte Licht destruktiv überlagern. Das entsprechende Prinzip ist schematisch in Abbildung 3.7 dargestellt.

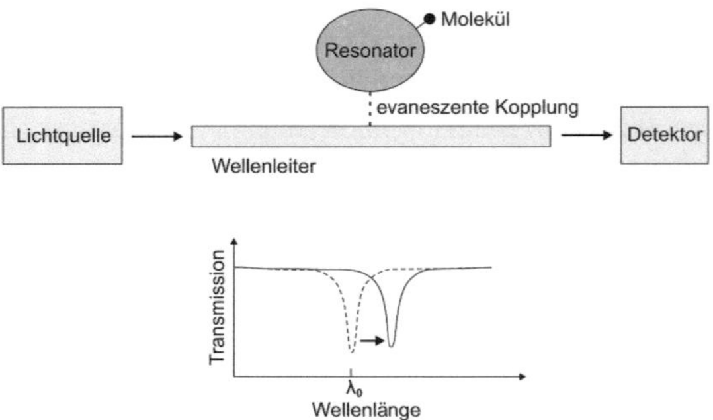

Abb. 3.7: Schematisches Messprinzip eines evaneszent an einen Wellenleiter gekoppelten Resonators und zugehöriges Transmissionsspektrum.

Dieses Messprinzip wurde in dieser Arbeit in ein Sensorkonzept, welches an Wellenleiter angekoppelte Mikrodisks verwendet, umgesetzt. Dazu wird von einem das Substrat komplett durchziehenden Streifenwellenleiter ausgegangen. An einer Stelle innerhalb des Chips ist eine Mikrodisk lateral an den Wellenleiter angekoppelt, wie in Abbildung 3.8 skizziert. Zur Realisierung eines hohen Gütefaktors des Mikrodiskresonators muss

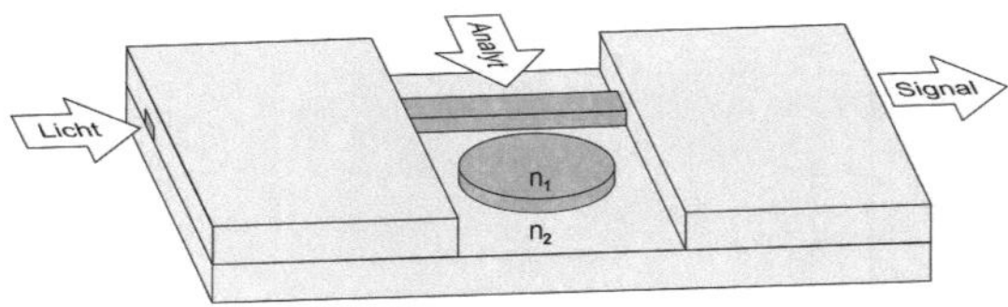

Abb. 3.8: Schema des Mikrodisksensors zur Resonanzmessung einer Mikrodisk in einem mikrofluidischen Kanal, angekoppelt an einen integrierten optischen Wellenleiter.

der Brechungsindexkontrast zwischen Mikrodisk und Mantelmaterial ausreichend sein. Daher ist auch für dieses System eine Materialkombination aus PMMA für die Disk und Teflon für den Mantel sinnvoll. Der Streifenwellenleiter sollte aus prozesstechnischer Sicht aus demselben Material wie die Disk, also auch aus PMMA bestehen. Um evaneszente Kopplung zwischen Mikrodisk und Wellenleiter zu realisieren, soll der Abstand beider Komponenten dabei deutlich weniger als die verwendete Wellenlänge des Detektionslichts, für sichtbares Licht also wenige 100 nm, betragen. Der Wellenleiter ist von einer Mantelschicht bedeckt, die im Bereich der Mikrodisk entfernt ist und so einen senkrecht zum Streifenwellenleiter verlaufenden Kanal bildet. Über den Kanal kann der Analyt zur Mikrodisk geführt werden. Die Ein- und Auskopplung des Detektionslichts geschieht analog zum Fall des photonischen Kristalls. Dieses Sensorkonzept wird im Folgenden als „Mikrodisksensor" bezeichnet.

4 Auslegung integriert optischer Elemente

Zur Umsetzung der im vorherigen Kapitel vorgestellten Integrationskonzepte ist es notwendig, die Dimensionen und Geometrien der beteiligten integriert optischen Komponenten auszulegen. Im Rahmen dieser Arbeit wurde mit Anregungs- und Detektionslicht im sichtbaren Wellenlängenbereich gearbeitet. Da die Dimensionen der Komponenten mit der Wellenlänge skalieren, wurde für das Konzept der photonischen Kristallschicht herstellungsbedingt Detektionslicht der Wellenlänge 630 nm gewählt. Dies liegt im typischen Emissionsspektrum einiger Farbstoffe für organische Halbleiterlaser, welche als Lichtquelle auf einem Polymerchip integriert werden können [67, 68]. Für das Konzept mit integrierter Mikrodisk wurde zugunsten der Herstellbarkeit von einer Wellenlänge von 1300 nm im infraroten Spektralbereich ausgegangen.

Im ersten Abschnitt dieses Kapitels werden zunächst die charakteristischen Dimensionen der zur Fluoreszenzanregung verwendbaren UV-induzierten Polymerwellenleiter diskutiert. Anschließend werden die Dimensionen der dielektrischen Wellenleiter ermittelt, die entweder eine photonische Kristallschicht beherbergen, oder an die eine Mikrodisk angekoppelt wird. Im darauffolgenden Abschnitt wird die photonische Kristallschicht betrachtet. Durch Bandstrukturrechnungen wird dabei die Gitterkonstante des photonischen Kristalls so festgelegt, dass die Bandlücke in den gewünschten Wellenlängenbereich um 630 nm fällt. Dies wird durch Transmissionsrechnungen verifiziert. Im dritten Abschnitt wird die Auslegung der Kopplung von Mikrodisk und Streifenwellenleiter kurz diskutiert.

4.1 Auslegung optischer Schichtwellenleiter

Die für den Fluoreszenzsensor eingesetzten UV-induzierten Schichtwellenleiter mit exponentiellem Brechungsindexprofil müssen keinen spezifischen Anforderungen an Wellenleiterdicke oder Brechungsindexkontrast genügen. Hier ist für die evaneszente Fluoreszenzanregung alleine ein ausreichender evaneszenter Feldanteil oberhalb des Polymersubstrats notwendig. Für die direkte Fluoreszenzanregung im Kanal ist zur korrekten Dimensionierung der Kanaltiefe dagegen die Kenntnis der Feldverteilung der Moden im Substrat wichtig. Beides kann mit Hilfe der analytischen Lösung der Wellengleichung für Schichtwellenleiter mit exponentiellem Brechungsindexprofil nach Gleichung [2.20] bestimmt werden. Die Eindringtiefe d beträgt hierbei für das verwendete PMMA-Substrat (HesaGlas von NotzPlastics) 4,5 µm. Der Brechungsindexkontrast Δn hängt von der Bestrahlungsdosis ab [69], welche durch UV-Bestrahlung in das PMMA-Substrat eingebracht wird. Das Maximum der Wellenleitermode liegt hier typischerweise wenige Mikrometer unter der PMMA-Oberfläche, während mit einigen Prozent nur ein recht kleiner Teil der Feldenergie im evaneszenten Feld oberhalb des Substrats geführt wird.

Die Auslegung der dielektrischen Wellenleiter für den photonischen Kristallschichtsensor und den Mikrodisksensor orientiert sich an der in Kapitel 2 gegebenen Herleitung der Eigenmoden für Schicht- und Streifenwellenleiter. Für integrierte optische Systeme sollten die Moden des Wellenleiters dabei im Allgemeinen so gut geführt werden, dass die transmittierte Leistung für die gewünschte Anwendung ausreicht. Weiter ist es für Anwendungen, bei denen die Transmissionspektren bestimmter an einen Wellenleiter gekoppelter Komponenten untersucht werden, sinnvoll, einen Wellenleiter zu verwenden, der genau eine Eigenmode unterstützt. Für einen multimodigen Wellenleiter überlagern sich die unterschiedlichen Transmissionsspektren der verschiedenen Moden, wodurch die erschwerten Auswertung des gesamten Transmissionsspektrums erschwert wird. Dies ist sowohl für den photonischen Kristall als auch für die Mikrodisk der Fall, insbesondere aber für den photonischen Kristall, da dessen Transmissionsspektrum für den multimodigen Fall nicht mehr auswertbar ist. Außerdem ist es für in Analysesysteme integrierte Resonatoren notwendig, dass die evaneszenten Feldanteile des Resonators einen signifikanten Anteil der gesamten elektromagnetischen Feldenergie ausmachen, um mit dem Analyten zu wechselwirken. Da die Resonatoren für die vorgestellten Integrationskonzepte aus dem gleichen Material wie der dielektrische Wellenleiter bestehen, überträgt sich diese Bedingung direkt auf den Wellenleiter. Für Anwendungen in der Sensorik muss hier also ein Kompromiss eingegangen werden, da ein großer evaneszenter Feldanteil immer mit schwacher Modenführung einhergeht und bei stark geführten Moden das evaneszente Feld immer klein ist.

Zur Berücksichtigung dieser Bedingungen wird der der photonischen Kristallschicht zugrunde liegende Schichtwellenleiter so ausgelegt, dass die Dicke des Wellenleiters knapp unterhalb der Cutoff-Dicke zum Multimodeverhalten liegt. Die Cutoff-Dicke ist hierbei die maximale Dicke d des Wellenleiterkerns, für die noch genau eine Eigenmode unterstützt wird. Diese Dicke kann durch graphische Lösung der Bestimmungsgleichung [2.19] ermittelt werden. Die graphische Darstellung beider Seiten der Bestimmungsgleichung für den Grenzfall zwischen Monomode- und Multimodeverhalten ist in Abbildung 4.1 für einen Schichtaufbau aus Teflonmantel, PMMA-Kern und Luftmantel gezeigt ($n_2 = 1,3$; $n_1 = 1,49$; $n_3 = 1$; vergleiche Abbildung 2.1). Für eine Vakuumwel-

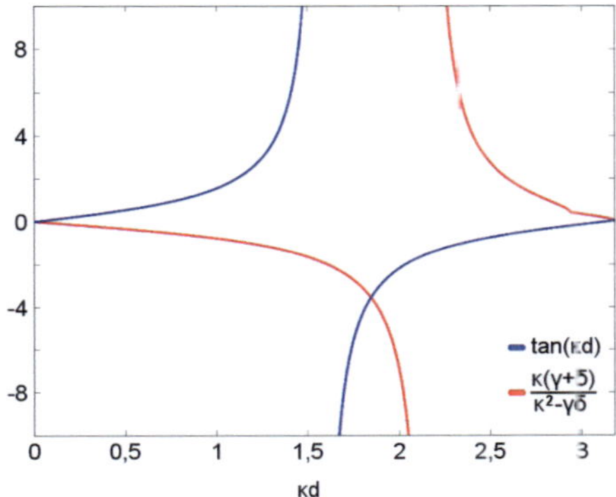

Abb. 4.1: Graphische Darstellung beider Seiten der Bestimmungsgleichung [2.19] für einen Schichtwellenleiter aus Teflonmantel, PMMA-Kern und Luftmantel. Die Schichtdicke des Wellenleiterkerns entspricht dabei gerade dem Grenzfall zwischen monomodigem und multimodigem Verhalten, da beide Kurven auf der κd-Achse ihren zweiten Schnittpunkt bilden (vergleiche Abschnitt 2.1).

lenlänge von 630 nm liegt der Grenzfall für einen Schichtaufbau aus Teflon, PMMA und Luft hier bei 435 nm und für Teflon, PMMA und Wasser bei 500 nm. Die Dicke der Kernschicht wurde daher zu 380 nm gewählt. Die resultierenden effektiven Brechungsindizes sind für Luftbedeckung $n_{\mathrm{eff}} = 1{,}405$ und für Bedeckung mit Wasser $n_{\mathrm{eff}} = 1{,}419$.

Die graphische Lösungsmethode zur Bestimmung der Grenzdicke zwischen Monomode- und Multimodeverhalten kann auch auf einen für das Mikrodiskkonzept benötigten Streifenwellenleiter übertragen werden. Die resultierenden Grenzdicken sind allerdings nicht mehr exakt, sondern für einen Streifenwellenleiter leicht angehoben. Hier ergibt sich mit dem beschriebenen Schichtaufbau für eine Vakuumwellenlänge von 1,3 µm eine Grenzdicke von 900 nm. Da die lateralen Dimensionen des Streifenwellenleiters allerdings herstellungsbedingt auf minimal 2 µm beschränkt sind, wurde die Dicke des Streifenwellenleiters auf 1,2 µm festgelegt, um dessen Querschnitt zu symmetrisieren. Dadurch ist die Monomodigkeit des Streifenwellenleiters zwar nicht mehr gegeben, die Herstellbarkeit wird aber wesentlich erleichtert, da der Wellenleiter durch einfache maskenbasierte photolithografische Prozesse hergestellt werden kann.

4.2 Auslegung photonischer Kristallstrukturen

Nach der Festlegung der Dicke des Schichtwellenleiterkerns wurde für den photonischen Kristallschichtsensor die im Schichtwellenleiter eingebettete photonische Kristallstruktur dimensioniert. Dazu wurde die Bandstruktur der zweidimensionalen photonischen Kristallschicht berechnet und die Abmessungen so ausgelegt, dass das Stoppband im Wellenlängenbereich um 630 nm liegt. Durch Transmissionsrechnungen wurde daraufhin das Transmissionsspektrum durch die photonische Kristallstruktur simuliert und die Lage des Stoppbandes verifiziert. Außerdem wurde die Verschiebung des Stoppbandes bei Bedeckung der photonischen Kristallschicht mit Medien unterschiedlicher Brechungsindizes bestimmt.

4.2.1 Bandstrukturrechungen

Zur Auslegung der im Schichtwellenleiter eingebetteten photonischen Kristallstruktur wurde zunächst deren Bandstruktur berechnet. Die photonische Kristallschicht entsteht dabei durch Einbringen von periodisch angeordneten Löchern in den Schichtwellenleiter. Ein Lochradius von $r = 0,25\,a$ erweist sich hierbei für die Prozessierbarkeit und die Stabilität der Struktur als optimal (a = Gitterkonstante). Die Anordnung der Löcher wurde als quadratisches Gitter gewählt, ein Dreiecksgitter ist jedoch genauso möglich. Die Berechnung der Bandstruktur wurde anhand des in Kapitel 2 vorgestellten Verfahrens der ebenen Wellen-Entwicklung in zwei Dimensionen durchgeführt, wobei für den Brechungsindex des photonischen Kristalls der effektive Brechungsindex des Schichtwellenleiters verwendet wurde. Die den Schichtaufbauten Teflonmantel, PMMA-Kern und Luftmantel mit luftgefüllten Löchern sowie Teflonmantel, PMMA-Kern und Wassermantel mit wassergefüllten Löchern entsprechenden Bandstrukturdiagramme sind in Abbildung 4.2 gezeigt.

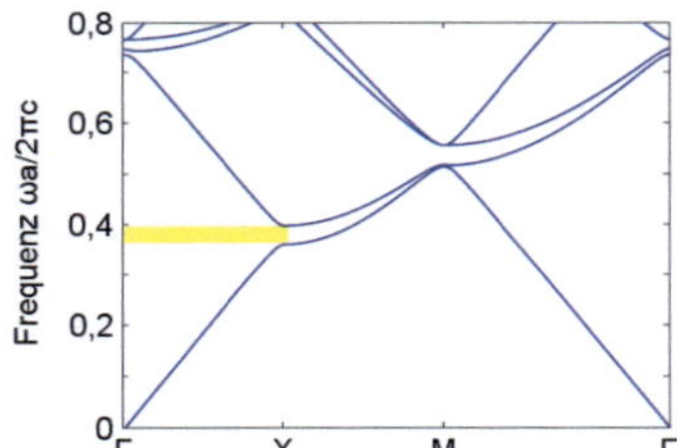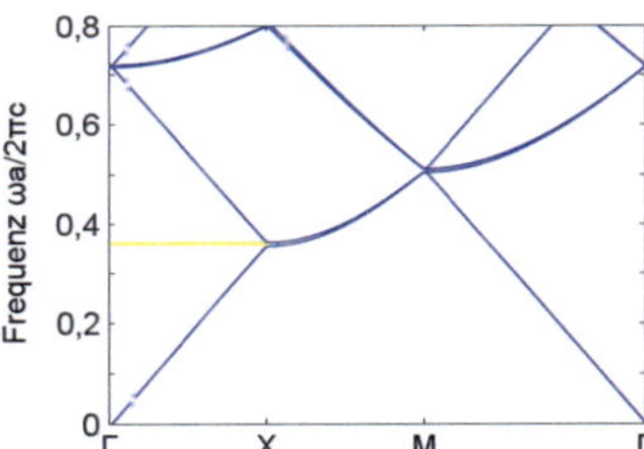

Abb. 4.2: Bandstruktur eines zweidimensionalen quadratischen photonischen Kristalls mit $r = 0,25\,a$, $n_{Material} = 1,405$ und $n_{Loch} = 1$ als Approximation der Bandstruktur einer entsprechenden photonischen Kristallschicht aus Teflon, PMMA und Luft (links) und eines zweidimensionalen quadratischen photonischen Kristalls mit $n_{Material} = 1,419$ und $n_{Loch} = 1,33$ als Approximation der Bandstruktur einer photonischen Kristallschicht aus Teflon, PMMA und Wasser (rechts).

Man erkennt, dass in k_x-Richtung ein Stoppband existiert. Dieses liegt für Luftbedeckung bei $0{,}36 < \omega a/2\pi c < 0{,}4$ und für Wasserbedeckung bei $0{,}35 < \omega a/2\pi c < 0{,}37$. Für die gewünschte Anwendung eines optischen Sensors soll das Stoppband hier im Bereich roter Vakuumwellenlängen liegen. Die Gitterkonstante wurde daher auf $a = 250\,\text{nm}$ festgelegt, was zu Stoppbändern bei 625 - 695 nm und 675 - 715 nm Vakuumwellenlänge führt. Da das Stoppband nur in k_x-Richtung existiert, muss der photonische Kristall zur Propagationsrichtung des Detektionslichts entsprechend ausgerichtet sein, um ein Stoppband im Transmissionssignal zu liefern.

4.2.2 Transmissionsrechungen

Das Transmissionsspektrum eines photonischen Kristalls ist direkt mit dessen Bandstruktur verknüpft. Wird beispielsweise ein photonischer Kristall in einer bestimmten Raumrichtung breitbandig durchstrahlt, so hängt das Transmissionssignal von der Zustandsdichte des elektromagnetischen Feldes in dieser Raumrichtung ab [27]. Weist die Bandstruktur in k_x-Richtung in einem bestimmten Frequenzbereich ein Lücke auf, so äußert sich dies durch einen starken Transmissionseinbruch innerhalb des Frequenzbereichs. Ein Beispiel für ein Bandstrukturdiagramm und das zugehörige Transmissionsspektrum für eine Transmissionsmessung in k_x-Richtung durch einen endlichen quadratischen zweidimensionalen photonischen Kristall zeigt Abbildung 4.3. Für den Frequenzbereich $0{,}35 < \omega a/2\pi c < 0{,}4$ weist das in k_x-Richtung aufgetragene Banddiagramm ein Lücke auf, die direkt zu dem Stoppband im Transmissionsspektrum korrespondiert. Die im Transmissionsspektrum erkennbaren Oszillationen entstehen durch Fabry-Perot-Resonanzen aufgrund der endlichen Abmessungen des photonischen Kristalls. Für einen unendlich groß werdenden Kristall verschwinden diese.

Wird nun in den photonischen Kristall ein struktureller Defekt eingebaut, so kann in der Bandstruktur ein innerhalb der Bandlücke liegendes Defektband entstehen. Dies ist in Abbildung 4.3 schematisch rot eingezeichnet. Für einen endlichen Kristall kann in einem Transmissionsexperiment nun eingestrahltes Licht der Defektfrequenz an die Eigenmode des Defekts ankoppeln, welche wiederum an das Strahlungsfeld außerhalb

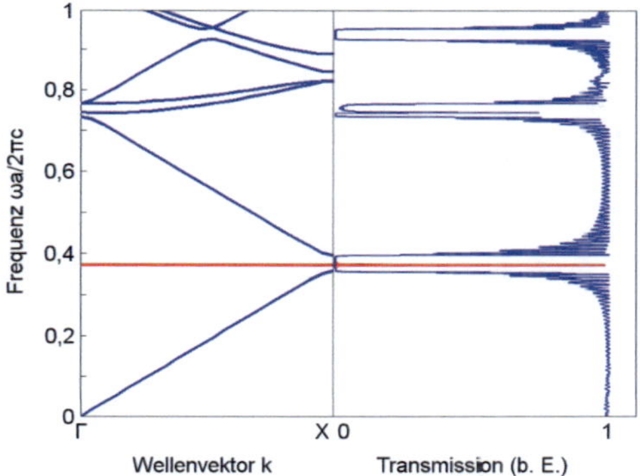

Abb. 4.3: Beispielhafte Bandstruktur in k_x-Richtung eines zweidimensionalen quadratischen photonischen Kristalls (links) und simulierte Transmission durch einen endlichen solchen auf derselben Frequenzachse aufgetragen (rechts).

des photonischen Kristalls ankoppelt. So entsteht bei der Defektfrequenz eine Spitze im Stoppband des Transmissionsspektrums. Diese ist in Abbildung 4.3 rot eingezeichnet.

Zur Überprüfung der in den vorherigen Abschnitten ermittelten Strukturgrößen der photonischen Kristallschicht wurde das Transmissionsspektrum durch eine solche Struktur ausgerechnet. Dies wurde dabei sowohl für eine photonische Kristallschicht mit Defekt als auch für eine defektfreie Struktur durchgeführt.

Zur Durchführung der Rechnungen werden die Maxwellgleichungen durch Differenzengleichungen ersetzt und mit Hilfe eines Finite Difference Time Domain Verfahrens (FDTD) numerisch gelöst. Hierzu wurde das frei verfügbare Programm MEEP verwendet [70, 71]. Für den FDTD-Algorithmus wird der Raum in ein so genanntes Yee-Gitter, wie in Abbildung 4.4 dargestellt, diskretisiert [72]. Die in den Maxwellgleichungen vorkommenden Differentialoperatoren werden durch auf dem Yee-Gitter operierende Differenzenquotienten approximiert. So lässt sich, ausgehend von der elektromagnetischen Feldverteilung zu einem bestimmten Zeitpunkt, die Feldverteilung nach einem kleinen Zeitschritt annähern. Durch aufeinanderfolgende Zeitschritte kann so die Dynamik des Feldes in einem bestimmten Raumbereich numerisch bestimmt werden. Für infinitesi-

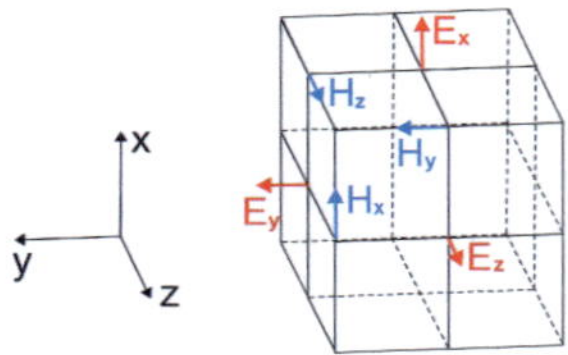

Abb. 4.4: Darstellung des Yee-Gitters im dreidimensionalen kartesischen Koordinatensystem.

male Raumdiskretisierung und Zeitschritte konvergiert die numerische Lösung gegen die Lösung der Maxwellgleichungen.

Die untersuchte photonische Kristallschicht ist in Abbildung 4.5 schematisch darge-stellt (vergleiche [73, 74]). Dabei wurde die Translationssymmetrie der Struktur in y-Richtung ausgenutzt und der zu berechnende Raumbereich auf die dargestellte Struktur beschränkt. Die Periodizität der Struktur wird hierbei durch die Annahme periodischer Randbedingungen berücksichtigt. Für die Brechungsindizes und die Strukturabmessun-gen wurden die in den vorhergehenden Abschnitten erhaltenen Werte verwendet:

unterer Mantelindex	n_2	1,3 (Teflon)
Kernschichtindex	n_1	1,49 (PMMA)
oberer Mantelindex	n_3	1 oder $\approx 1,33$ (Luft oder wässriger Analyt)
Lochradius	r	$0,25\,a$ (aus Abschnitt 4.2.1)
Gitterkonstante	a	250 nm (aus Abschnitt 4.2.1)
Kerndicke	d	380 nm (aus Abschnitt 4.1)

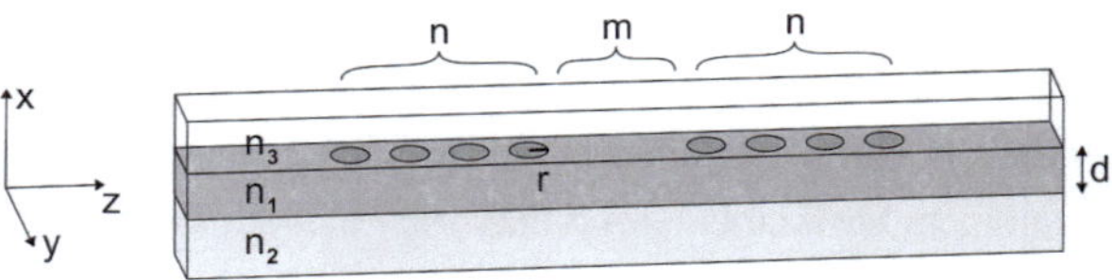

Abb. 4.5: Schema der per FDTD untersuchten photonischen Kristallschicht der Kerndicke d mit Lochradius r bestehend aus n Löchern, m fehlenden Löchern und n Löchern.

Als Ausgangsbedingung für die numerische Rechnung wurde am Anfang der Struktur eine breitbandige transversal elektrisch polarisierte Lichtquelle, deren vertikales Intensitätsprofil dem Intensitätsprofil der Eigenmode des Schichtwellenleiters entspricht, angenommen. Die Lichtquelle emittiert einen Gaußpuls mit einer definierten Frequenzbreite. Der Puls propagiert durch die photonische Kristallschicht und wird am Ende des Schichtwellenleiters analysiert. Durch Fouriertransformation wurde das Frequenzspektrum des transmittierten Pulses bestimmt. Zur Ermittlung des für die photonische Kristallschicht charakteristischen Transmissionsspektrums wurde das Spektrum des transmittierten Gaußpulses auf das Spektrum eines durch einen Schichtwellenleiter ohne photonische Kristallschicht transmittierten Gaußpulses normiert. Dieses Transmissionsspektrum für eine photonische Kristallstruktur entsprechend Abbildung 4.5 aus $n + m + n = 20$ Löchern, also ohne Defekt, bestehend aus einem Schichtaufbau aus Teflon, PMMA und Luft, zeigt Abbildung 4.6 links.

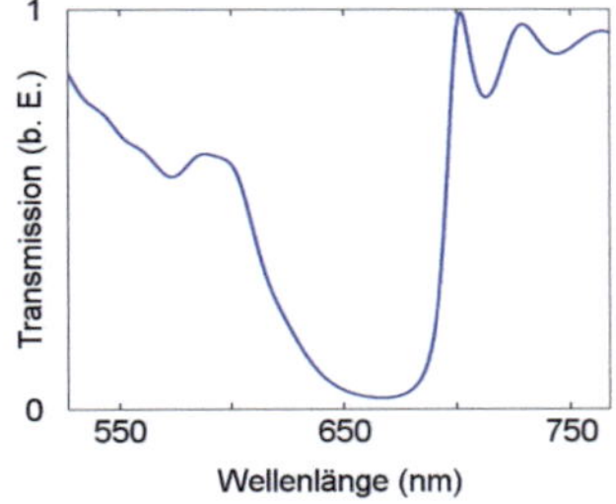
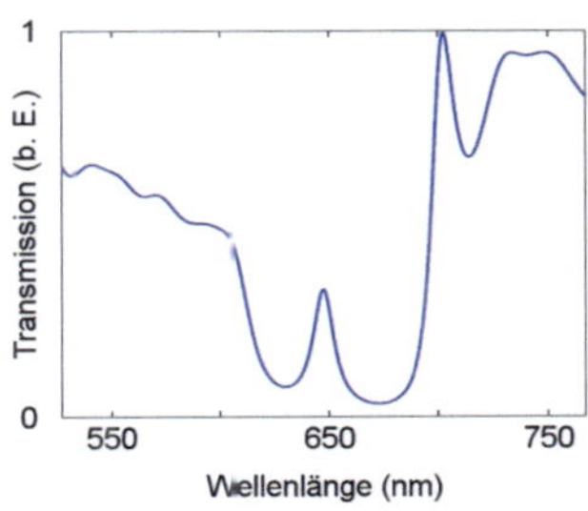

Abb. 4.6: Mittels FDTD simuliertes Transmissionsspektrum durch eine 20 Einheitszellen breite quadratische photonische Kristallschicht aus Teflon, PMMA und Luft (links) sowie durch die gleiche Kristallschicht mit aus vier fehlenden Einheitszellen bestehendem Liniendefekt (rechts).

Das berechnete Spektrum umspannt hier einen Wellenlängenbereich von 540 nm bis 760 nm. Man erkennt ein deutliches Stoppband im Wellenlängenbereich von 600 nm bis 700 nm. Das Transmissionsspektrum der gleichen Struktur mit einem Liniendefekt senkrecht zur Ausbreitungsrichtung des Detektionslichts, bestehend aus vier Einheitszellen in der Mitte der Kristallstruktur, ist in Abbildung 4.5 rechts dargestellt. Die Kristallstruktur besteht entsprechend Abbildung 4.5 aus $n = 10$ Löchern, $n = 4$ Einheitszellen ohne Löcher und wieder $n = 10$ Löchern. Das Transmissionsspektrum gleicht dem der defektfreien photonischen Kristallschicht, weist jedoch eine Spitze im Stoppband auf. Diese entspricht der Defektmode in der Kristallschicht und liegt bei deren Resonanzwellenlänge von 645 nm. Aus der Halbwertsbreite lässt sich der Gütefaktor der durch den Defekt gebildeten Linienkavität ermitteln, der in dem hier gezeigten Fall unterhalb von 100 liegt.

Das in Kapitel 3 vorgestellte Sensorkonzept sieht vor, eine Veränderung der dielektrischen Umgebung der photonischen Kristallschicht oder der darin integrierten Kavität durch die damit verbundene Verschiebung des Stoppbandes oder der Transmissionsspitze der Kavität zu detektieren. Für einen optischen Sensor mit wässrigem Analyten bestehen die obere Mantelschicht sowie die Löcher des photonischen Kristalls im Vergleich zur oben zugrunde gelegten Struktur aus einem Medium mit wasserähnlichem Brechungsindex. Für eine Struktur mit Wasserbedeckung ($n_3 = 1{,}33$) wurde das Transmissionspektrum analog zum Fall mit Luftbedeckung ausgerechnet. Das Ergebnis zeigt Abbildung 4.7 links.

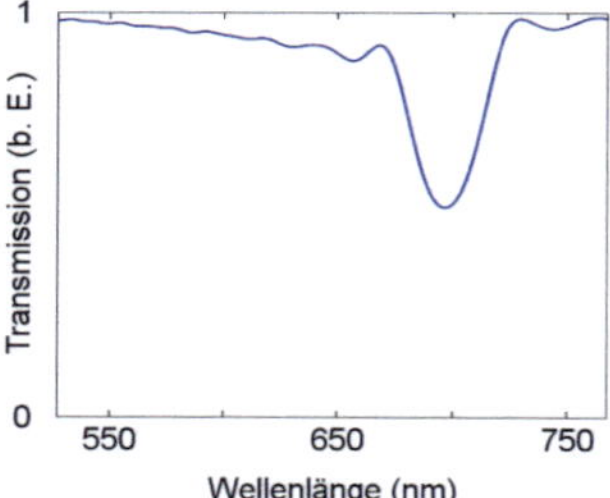

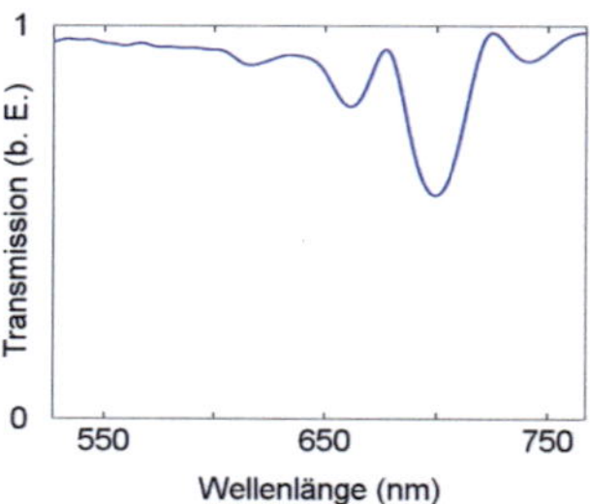

Abb. 4.7: Mittels FDTD simuliertes Transmissionsspektrum durch eine 20 Einheitszellen breite quadratische photonische Kristallschicht aus Teflon, PMMA und Wasser (links) sowie durch die gleiche Kristallschicht mit aus vier fehlenden Einheitszellen bestehendem Liniendefekt (rechts).

Auch in diesem Fall zeigt das Spektrum einen Wellenlängenbereich mit deutlichem Transmissionseinbruch, welcher hier zwischen 670 nm und 730 nm liegt. Der Transmissionseinbruch ist jedoch wesentlich geringer als für Luftbedeckung, was sowohl am niedrigeren Brechungsindexkontrast in der photonischen Kristallstruktur als auch am niedrigeren Brechungsindexkontrast zwischen Kern- und oberer Mantelschicht des Schichtwellenleiters liegt.

Für eine photonische Kristallstruktur mit Liniendefekt und wässriger Bedeckung entspricht das Transmissionsspektrum dem in Abbildung 4.7 rechts gezeigten Graphen. Man erkennt, dass das Spektrum zwar deutlich verändert wird, jedoch keine eindeutige durch den Defekt verursachte Spitze im Transmissionsspektrum mehr zu identifizieren ist. Für den vorgestellten Schichtaufbau aus Teflon und PMMA ist es für wässrige Analyten daher sinnvoll, sich auf die Verschiebung des Stoppbandes selbst zu beschränken.

Die Transmissionsspektren für Bedeckung der photonischen Kristallschicht mit Medien der Brechungsindizes $n_3 = 1{,}33$ und $n_3 = 1{,}35$, wobei letzteres 15-prozentigem Glyzerin in wässriger Lösung entspricht, sind in Abbildung 4.8 gezeigt. Durch Erhöhung des Brechungsindex der oberen Mantelschicht sind im Spektrum eine Verminderung des Transmissionseinbruchs im Stoppband sowie eine Verschiebung des Stoppbandes hin zu größeren Wellenlängen erkennbar. Die Wellenlänge des Stoppbandminimums verschiebt sich um 4 nm, was einer Sensitivität von 177 nm je Brechungsindexeinheit (RIU) entspricht.

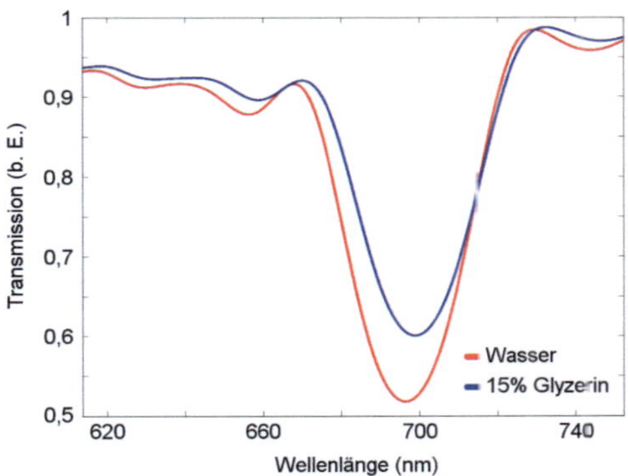

Abb. 4.8: Simuliertes Transmissionsspektrum durch eine quadratische photonische Kristallschicht aus Teflon und PMMA mit Wasser (rot) sowie 15-prozentiger Glyzerinlösung (blau) als oberer Mantelschicht.

4.3 Auslegung von Mikrodisks

Nach der in Abschnitt 4.1 beschriebenen Festlegung der Dimensionen des Streifenwellenleiters auf 2 µm Breite und 1,2 µm Höhe wird die an den Wellenleiter als Signalwandler anzukoppelnde Mikrodisk ausgelegt. Hierfür verblieben als einzige noch zu optimierende Parameter die Spaltbreite zwischen Mikrodisk und Streifenwellenleiter sowie der Radius der Mikrodisk, da aufgrund der planaren Prozessierung Höhe und Material der Mikrodisk denen des Wellenleiters entsprechen. Maßgeblich für deren Dimensionierung ist die angestrebte Kopplung zwischen Mikrodisk und Wellenleiter.

Da die Kopplung über die Wechselwirkung des evaneszenten Feldes der Eigenmoden beider Komponenten erreicht wird, darf der Abstand zwischen Mikrodisk und Wellenleiter nicht zu groß sein. Für eine optimale Detektierbarkeit des Transmissionsspektrums am Wellenleiter sollte kritische Kopplung vorliegen, gekennzeichnet dadurch, dass die intrinsischen Verluste der Mikrodisk und die Verluste durch Auskopplung in den Wellenleiter gleich sind. Da die intrinsischen Verluste der Mikrodisk von deren Grenzflächenqualität sowie der optischen Qualität von Disk- und Mantelmaterial abhängen [15] und diese Parameter beim gegenwärtigen Stand der Fertigungstechnologie nicht im erforderlichen Maße vorherbestimmt werden können, ist es an dieser Stelle nicht möglich, das System gezielt auf kritische Kopplung auszulegen.

Stattdessen wurden Diskradius und Spaltbreite im Rahmen dieser Arbeit nach groben Abschätzungen ausgelegt. Dazu wurde die Kopplung zwischen Mikrodisk und Wellenleiter betrachtet. Eine Simulation für verschiedene Spaltbreiten liefert die vom Wellenleiter in die Disk überkoppelnde Leistung und gibt so ein Maß für die Kopplung beider Komponenten. Die Simulation wurde mittels eines FDTD-Algorithmus durchgeführt. Da das Yee-Gitter für ein dreidimensionales Modell des Systems aus Mikrodisk und Wellenleiter für handelsübliche Computer zu groß wäre, wurde das System durch Bildung des effektiven Brechungsindex für den Schichtaufbau aus Teflon, PMMA und wässrigem Analyten auf ein zweidimensionales System zurückgeführt. Das resultierende zweidimensionale System ist in Abbildung 4.9 dargestellt.

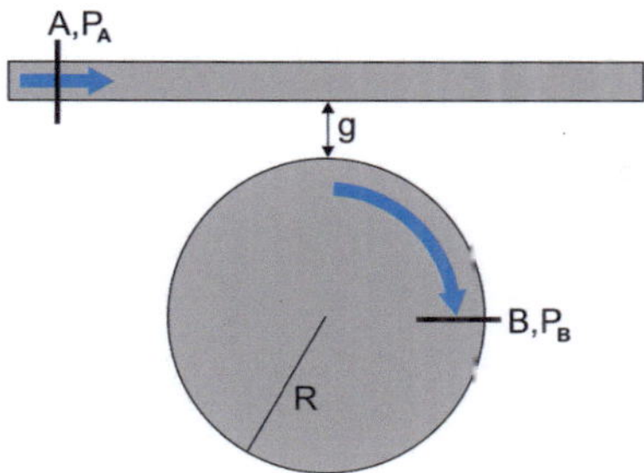

Abb. 4.9: Anordnung zur Bestimmung der Kopplung zwischen Mikrodisk und Wellenleiter mit Spaltbreite g und Diskradius R. Die Grundmode des Wellenleiters mit Intensität P_A wird bei A angeregt und die in die Mikrodisk gekoppelte Leistung P_B wird bei B detektiert.

Am Eingang A des Wellenleiters wird dessen Grundmode angeregt, die entlang des Wellenleiters propagiert und über den Kopplungsspalt der Breite g Leistung in die Mikrodisk mit Radius R überkoppelt. Die überkoppelnde Leistung wird nach einem Viertelumlauf des Lichtes bei B detektiert. Das Verhältnis aus Eingangsleistung P_A im Wellenleiter sowie der innerhalb der Mikrodisk bei B detektierten Leistung P_B gibt ein Maß für die Kopplung zwischen Wellenleiter und Mikrodisk [75]:

$$K \propto \frac{P_B}{P_A}. \qquad [4.1]$$

Die resultierende Kopplung für zu Vakuumwellenlängen zwischen $1{,}2\,\mu m$ und $1{,}4\,\mu m$ korrespondierenden Eigenmoden des Streifenwellenleiters sind für eine Mikrodisk mit $25\,\mu m$ Radius und drei verschiedene Kopplungsspaltbreiten in Abbildung 4.10 links aufgetragen. Man erkennt, dass die Kopplung erwartungsgemäß für zunehmende Wellenlängen steigt, da hiermit auch die Reichweite des evaneszenten Feldes der Eigenmoden von Wellenleiter sowie Mikrodisk und damit die Wechselwirkung beider Felder ansteigt. Außerdem hängt die Kopplung stark von der Kopplungsspaltbreite g ab, da die evaneszenten Felder exponentiell abfallen und somit deren Überlapp bei Annäherung überproportional ansteigt.

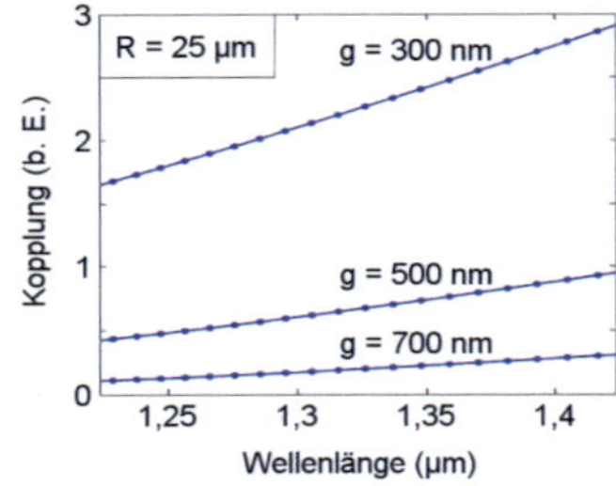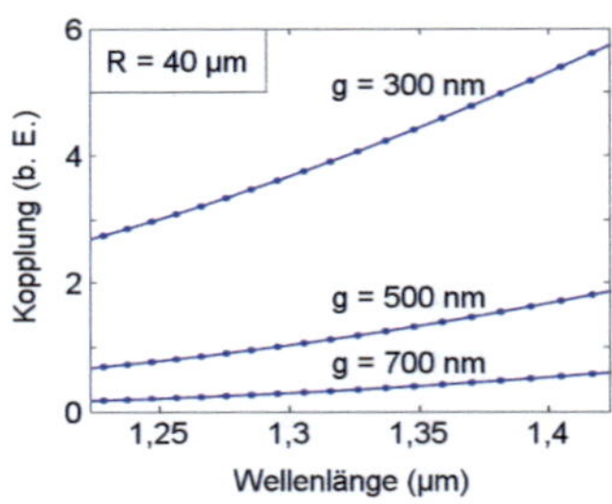

Abb. 4.10: Kopplung zwischen Streifenwellenleiter und Mikrodisk für verschiedene Spaltbreiten g in Abhängigkeit der Vakuumwellenlänge λ für die Diskradien 25 µm (links) und 40 µm (rechts). Die Kopplung wurde nach der in Abbildung 4.9 gezeigten Anordnung mittels FDTD bestimmt.

Die gleiche Rechnung wurde für eine Mikrodisk mit 40 µm Radius wiederholt. Die Kopplung ist in Abbildung 4.10 rechts gezeigt. Durch den größeren Radius der Mikrodisk ist ebenfalls deren Kopplung zum Wellenleiter erhöht worden, was durch die vergrößerte Kopplungslänge erklärt werden kann.

Da die intrinsischen Verluste der Mikrodisk nicht in ausreichendem Maße vorherbestimmt werden können, wurden für die Entwicklung des photolithographischen Prozesses zur Herstellung des Mikrodisksensors mehrere Dimensionierungen des Systems aus Disk und Wellenleiter gewählt. Dabei wurden möglichst große Mikrodiskradien und möglichst kleine Kopplungsspaltbreiten angestrebt. Die Radien der Mikrodisk wurden auf 25 µm, 30 µm sowie 40 µm und die Kopplungsspaltbreiten auf 500 nm, 750 nm, 1000 nm sowie 1250 nm festgelegt. 500 nm entspricht dabei der minimalen Strukturgröße für die im Rahmen der Photolithographie verwendeten Masken.

5 Umsetzung der Integrationskonzepte

Auf der Basis der vorgestellten Konzepte wurden Demonstratoren integriert optischer Sensoren hergestellt. Hierbei standen die Biokompatibilität, die optischen Eigenschaften und die Prozessierbarkeit der verwendeten Materialen im Vordergrund. Neben diesen Gesichtpunkten spielen in der Praxis außerdem die Realisierbarkeit der Strukturen auf der Basis der verfügbaren Prozesstechnologien sowie die Übertragbarkeit der Prozesse auf die Massenfertigung eine wichtige Rolle.

In diesem Kapitel werden die Herstellungsverfahren zur Umsetzung der Integrationskonzepte erläutert. Im ersten Abschnitt wird beschrieben, wie das System zur integrierten Fluoreszenzanregung aus einem monolithischen PMMA-Chip durch Photolithographie realisiert wurde. Im darauffolgenden Abschnitt wird die Herstellung eines dielektrischen Schichtaufbaus aus Teflon und PMMA erläutert und die Prozessierung einer photonischen Kristallschicht erklärt. Dies schließt die Herstellung einer photonischen Kristallschicht mit im Mantel integrierten mikrofluidischen Kanal mittels Elektronenstrahllithographie und photolithographischer Prozesstechnik mit ein. Darüber hinaus wird die parallele Fertigung photonischer Kristallschichten durch Heißprägen diskutiert. Zuletzt wird die Herstellung des Mikrodisksensors unter Zugrundelegung derselben Technologien wie für die photonische Kristallschicht gezeigt.

5.1 Herstellung von Polymerwellenleitern zur Fluoreszenzanregung

Das integriert optische System zur Fluoreszenzanregung soll monolithisch aus einem PMMA-Chip gefertigt werden. Polymethylmethacrylat ist ein thermoplastisches Polymer mit niedriger Absorption im sichtbaren Wellenlängenbereich sowie im nahen In-

$$\left[\begin{array}{c} O - CH_3 \\ | \\ C = O \\ | \\ C - CH_2 \\ | \\ CH_3 \end{array}\right]_n$$

Abb. 5.1: Strukturformel von Polymethylmethacrylat (PMMA).

frarot. Die zugehörige Strukturformel ist in Abbildung 5.1 gezeigt. Die Polymerketten des PMMA können durch Bestrahlung gespalten werden, um die durchschnittliche Kettenlänge des Polymers stark zu reduzieren und es so für bestimmte Entwicklerlösungen leicht löslich zu machen [76]. Abgesehen von der erhöhten Löslichkeit wird durch die Bestrahlung auch der Brechungsindex des PMMA angehoben [24]. So bildet PMMA ein vielseitig verwendbares Material zur Herstellung von Wellenleitern durch strahlungsinduzierte Brechungsindexerhöhung und zur Herstellung von Strukturen durch Photolithographie [77]. Zur Bestrahlung sowohl für die Wellenleiterherstellung als auch für die Photolithographie können dabei beschleunigte Elektronen und Protonen sowie kurzwellige elektromagnetische Strahlung vom tiefen Ultraviolett bis in den Röntgenbereich verwendet werden [24, 78–80], wobei die Strukturierbarkeit von der Beugungsbegrenzung der Bestrahlung abhängt. So können durch UV-Bestrahlung Strukturgrößen in der Größenordnung von Hunderten von Nanometern, durch Elektronenbestrahlung dagegen in der Größenordnung von wenigen Nanometern geschaffen werden.

In dieser Arbeit wurde für die Herstellung von Wellenleiter und mikrofluidischem Kanal die in [81, 82] beschriebene Prozesstechnologie angewandt. Hierzu wurde ein PMMA-Substrat (HesaGlas von NotzPlastics) durch eine auf eine Quarzglasplatte aufgedampfte Schlitzmaske aus Chrom in einem Maskaligner (EVG 620) mit tiefem UV-Licht der Wellenlänge 240 nm - 250 nm bestrahlt, siehe Abbildung 5.2 [83–85]. Die eingebrachte Energie betrug 4 - 8 J/cm^2. Danach wurde die Kanalstruktur mit einem Gemisch aus Methylisobutylketon und Isopropanol (MIBK:IPA = 1:1) für 3 min entwickelt. Hierdurch ergeben sich Kanäle von 4 - 8 µm Tiefe und der durch die Schlitzmaske vorgegebenen Breite. Nach der Entwicklung der Kanäle folgte die Herstellung der Wellenleiter. Dies erfolgte durch Bestrahlung über eine senkrecht zum Kanal ausgerichtete Schlitzmaske der gewünschten Breite. Der Brechungsindex an der Oberfläche des PMMA wird hierbei durch eine eingebrachte Energie von etwa $3 \, J/cm^2$ um ungefähr 0,005 angehoben, so dass sich in der Polymeroberfläche ein schwach führender Streifenwellenleiter senkrecht zum Kanal bildet. Ein chemischer Entwicklungsprozess entfällt hier. Die Breite der mikrofluidischen Kanäle wurde zwischen 5 µm und 200 µm gewählt, während die Wellenleiterbreite bei 5 µm oder 7,5 µm lag.

Soll nur der Wellenleiter strukturiert werden, so kann der Schritt zur Kanalherstellung im obigen Prozess einfach übersprungen werden.

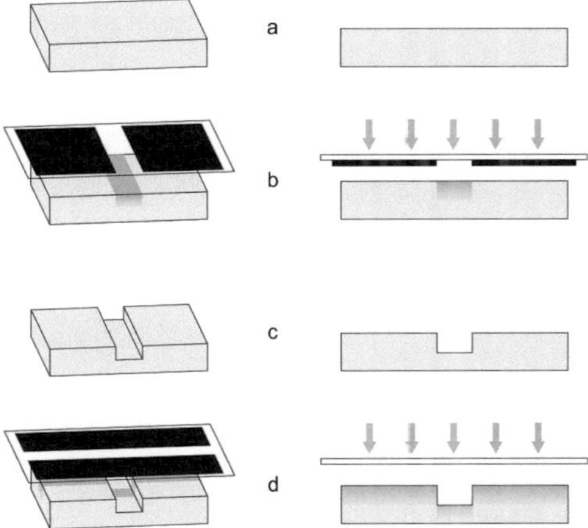

Abb. 5.2: Prozessablauf zur Integration mikrofluidischer Kanäle und Polymerwellenleitern auf einem PMMA-Substrat: **a** PMMA-Substrat als Ausgangsmaterial, **b** UV-Bestrahlung des PMMA durch eine Schlitzmaske, **c** Entwicklung des bestrahlten PMMA mit MIBK:IPA zur Formierung eines Kanals, **d** UV-Bestrahlung des PMMA durch eine senkrecht zum Kanal ausgerichtete Schlitzmaske zur Induzierung eines Wellenleiters im Polymer.

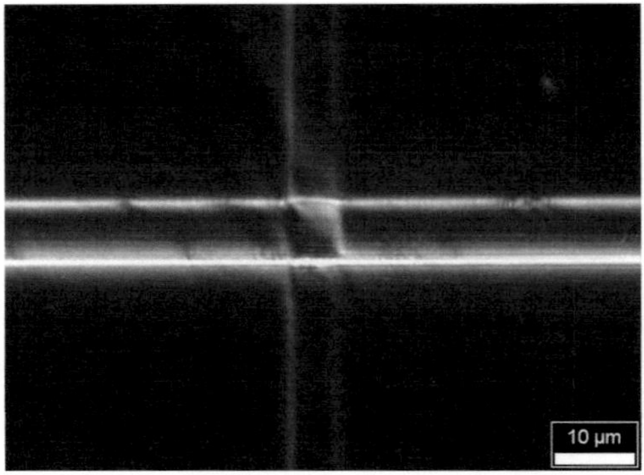

Abb. 5.3: Phasenkontrastaufnahme eines mikrofluidischen Kanals (horizontal) mit kreuzendem UV-induzierten Wellenleiter (vertikal) auf einem PMMA-Substrat.

Abbildung 5.3 zeigt eine Phasenkontrastaufnahme eines so hergestellten mikrofluidischen Kanals mit kreuzendem UV-induzierten Wellenleiter von jeweils 7,5 µm Breite. Der Kanal verläuft in der Aufnahme horizontal.

5.2 Integration photonischer Kristallschichten in ein optisches System

Das Konzept des photonischen Kristallschichtsensors sieht einen dielektrischen Schichtaufbau vor, bestehend aus zwei Mantelschichten aus amorphem Fluoropolymer und einer Kernschicht aus PMMA, die die photonische Kristallstruktur beherbergt. Für den Zugang durch das zu untersuchende Analyt soll die obere Mantelschicht dabei mit einem mikrofluidischen Kanal, der die photonische Kristallstruktur freilegt, versehen sein. Für die Mantelschichten soll hierbei jeweils das Fluoropolymer Teflon AF (DuPont), ein Copolymer aus den beiden Monomeren 2,2-Bistrifluoromethyl-4,5-Difluoro-1,3-Dioxol (PDD) und Tetrafluorethen (TFE) [86], verwendet werden. Die Strukturformeln der beiden Monomere sind in Abbildung 5.4 dargestellt. Teflon AF weist eine niedrige Oberflächenenergie auf, ist gegenüber den meisten Chemikalien inert und damit auch biokompatibel. Durch den hohen Anteil an Fluor hat Teflon AF über einen breiten Spek-

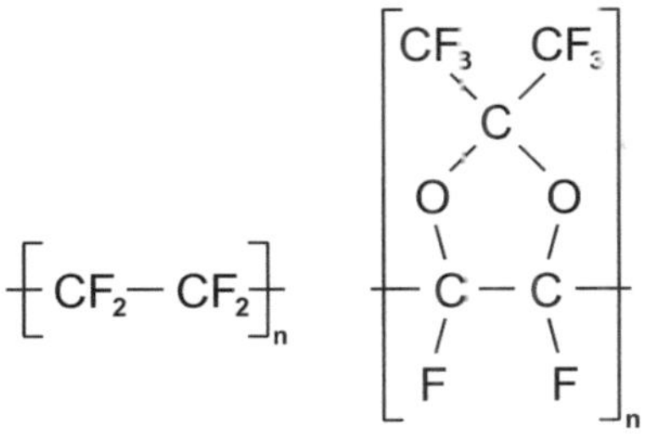

Abb. 5.4: Strukturformeln von TFE und PDD, den Monomeren des Copolymers Teflon AF.

tralbereich vom Ultravioletten bis zum Infraroten einen sehr geringen Brechungsindex von ungefähr $n \approx 1{,}3$ sowie eine geringe Absorption und eignet sich damit gut für dielektrische Mantelschichten. In Verbindung mit wässrigen Analyten (Brechungsindizes von $n \approx 1{,}33$) ist dies von Vorteil, da an Grenzflächen zwischen Teflon AF und Wasser aufgrund des geringen Unterschieds im Brechungsindex kaum Streuverluste auftreten. Teflon AF ist in fluorierten Lösungsmitteln löslich und bietet sich so zur Flüssigprozessierung bei der Schichtherstellung an. Teflon AF wird im Rahmen dieser Arbeit meist vereinfachend mit Teflon bezeichnet.

Da PMMA in einer Vielzahl von Lösungsmitteln löslich ist, die Teflon AF nicht lösen, und umgekehrt PMMA von einigen fluorierten Lösungsmitteln nicht gut gelöst wird, die aber wiederum Teflon AF lösen, bilden PMMA und Teflon AF eine gute Materialkombination zur Realisierung dielektrischer Schichtfolgen.

Die Herstellung der dielektrischen Schichtfolgen geschieht durch Rotationsbeschichtung (Spincoaten) eines Trägersubstrates, siehe Abbildung 5.5. Hierbei wird ein Trägersubstrat mit möglichst ebener Oberfläche, beispielsweise ein polierter Siliziumwafer, waagerecht auf einem Rotationsteller fixiert und die Lösung des zu beschichtenden Polymers mittig aufgebracht. Durch definierte Rotation des Substrates verteilt sich die Lösung auf der Oberfläche, während das Lösungsmittel gleichzeitig zu verdunsten beginnt und sich eine hochviskose Polymerschicht bildet. Nach der Rotation wird das in der Polymerschicht enthaltene Restlösungsmittel durch Ausbacken verdampft. Bei optimiertem Prozessablauf ist es so möglich, nahezu planparallele Schichten gezielter Dicke herzustellen. Die Dicke der Schicht hängt dabei von der Rotationsgeschwindigkeit und -dauer sowie der Polymerkonzentration in der Lösung ab [77].

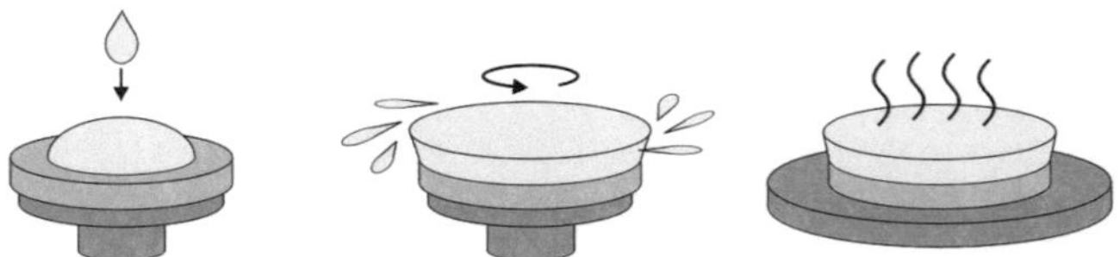

Abb. 5.5: Schematische Darstellung des Spincoatens eines Substrates bestehend aus Aufbringen der Polymerlösung (links), Schleudern zu einer bestimmten Schichtdicke (mittig) und Verdampfen des restlichen Lösungsmittels (rechts).

Zur Herstellung des Schichtwellenleiters, der der photonischen Kristallschicht zugrunde liegt, wurde hier auf einen Siliziumwafer zunächst eine 2 μm dicke Teflonschicht als untere Mantelschicht aufgebracht. Die Mantelschicht wurde dabei im Verhältnis zur verwendeten Wellenlänge so dick gewählt, dass die im Kern geführte Mode nicht mit dem Silizium unterhalb des Mantels wechselwirkt. Dazu wurde in fluoriertem Lösungsmittel gelöstes Teflon AF (9 % Teflon AF gelöst in FC-40 von 3M) mit einer Rotationsgeschwindigkeit von $1400\,\mathrm{min}^{-1}$ aufgeschleudert und bei 165 °C 12 Minuten lang ausgebacken. Zur Haftungsverbesserung der nachfolgenden Schichten wurde die Teflonoberfläche danach 2 min einem Sauerstoffplasma ausgesetzt [87]. Auf die dadurch aufgeraute Teflonschicht wurde dann eine PMMA-Schicht (PMMA 950k A4 von MicroChem) zu einer Dicke von 380 nm aufgeschleudert und 10 min bei 165 °C ausgebacken. Soll eine obere Mantelschicht aus Teflon zum dielektrischen Schichtwellenleiter hinzugefügt werden, so kann analog zur Prozessierung der unteren Mantelschicht eine weitere Teflonschicht auf das PMMA aufgebracht werden.

5.2.1 Herstellung photonischer Kristallschichten durch Elektronenstrahllithographie

Nach der Herstellung der Schichtabfolge aus Teflon und PMMA wurde die photonische Kristallstruktur in die PMMA-Schicht eingebracht. Dazu wurde ein dem in [88] beschriebenen Verfahren ähnlicher Prozessablauf durchgeführt.

Die Prozessierung der photonischen Kristallstruktur in die PMMA-Schicht erfolgte mittels Elektronenstrahllithographie. Bei diesem Verfahren, siehe die schematische Abbildung 5.6, wird ein mittels Elektronenlinsen fokussierter Strahl aus beschleunigten Elektronen durch Ablenkspulen so auf eine photostrukturierbare Polymerschicht gelenkt, dass ein bestimmtes Muster in das Polymer geschrieben wird [77, 89]. Das verwen-

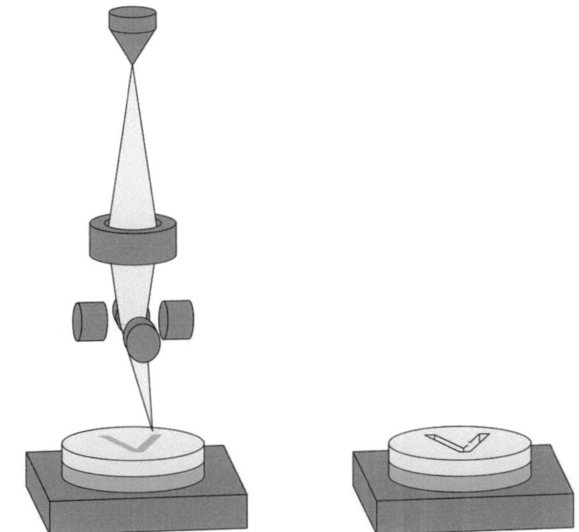

Abb. 5.6: Schematische Darstellung der Elektronenstrahllithographie: Bestrahlung eines Resists mittels eines durch Elektronenlinsen fokussierten und durch Ablenkspulen gelenkten Elektronenstrahls (links) sowie im Resist nach Entwicklung freigelegte Struktur (rechts).

dete Polymer ist dabei derart beschaffen, dass bestrahlte Bereiche molekular verändert werden, wodurch deren Löslichkeit gegenüber bestimmten Entwicklerlösungen signifikant verändert wird. Wird die Löslichkeit erhöht, spricht man von einem Positivresist, wird sie dagegen erniedrigt, so wird das Polymer als Negativresist bezeichnet. In einem folgenden Entwicklungsschritt werden bestrahlte oder unbestrahlte Bereiche durch die Entwicklerflüssigkeit entfernt, so dass das durch den Elektronenstrahl in das Polymer geschriebene Muster freigelegt wird.

PMMA ist ein Positivresist. Zur Herstellung der photonischen Kristallstruktur in der 380 nm dicken PMMA-Schicht konnte daher die periodische Anordnung von Löchern direkt in das PMMA geschrieben und die dabei belichteten Löcher nachfolgend durch Entwickeln freigelegt werden. Zur Prozessierung der Löcher wurde der Elektronenstrahlschreiber (Vistec VB6-HR) mit einem Spotdurchmesser von 40 nm und einer Energie von 100 keV verwendet. Die pro Fläche eingebrachte Ladung entsprach $900\,nC/cm^2$. Das Substrat wurde anschließend 60 s durch Sprühentwicklung mit einem MIBK:IPA-Gemisch (1:1) entwickelt und 60 s mit IPA gespült. Eine Rasterelektronenmikrographie (REM-Aufnahme) einer so hergestellten photonischen Kristallstruktur ist in Abbildung 5.7 gezeigt.

Abb. 5.7: REM-Aufnahme einer photonischen Kristallschicht in PMMA auf einer Teflonmantelschicht hergestellt durch Elektronenstrahllithographie (links), und FIB-Schnitt durch eine photonische Kristallschicht aufgenommen unter 54° Winkel (rechts).

Abbildung 5.7 links zeigt eine Übersicht der Strukturoberfläche. Es handelt sich hier um eine quadratische photonische Kristallschicht mit Liniendefekt. Man erkennt, dass die Löcher in einem quadratischen Raster gleichmäßig angeordnet sind. Auch ist deren Durchmesser konstant. Der Durchmesser der Löcher beträgt 110 nm und die Gitterkonstante des quadratischen Gitters beträgt 250 nm. Abbildung 5.7 rechts zeigt einen durch einen fokussierten Ionenstrahl (FIB) hergestellten Schnitt durch die strukturierte PMMA-Schicht. Die Löcher durchdringen das 400 nm dicke PMMA vollständig bis zum unteren Teflonmantel.

5.2.2 Heißprägen photonischer Kristallstrukturen

Neben der für Nanostrukturen grundlegenden seriellen Herstellungsmethode der Elektronenstrahllithographie ist es wichtig, auch parallele Herstellungstechnologien zu berücksichtigen [90–95]. Diese sind für eine kostengünstige Fertigung großer Stückzahlen an integrierten Systemen notwendig. Für den Fall photonischer Nanostrukturen in Polymer bieten sich hier vor allem thermische Replikationsverfahren an, da die herzustellenden Strukturgrößen unterhalb der Beugungsgrenze für sichtbares und auch ultraviolettes Licht liegen und so für photolithographische Herstellung zu klein sind [96–99].

Das thermische Replikationsverfahren des Heißprägens ist schematisch in Abbildung 5.8 dargestellt. Ein thermoplastisches Polymersubstrat wird in einer Vakuumkammer

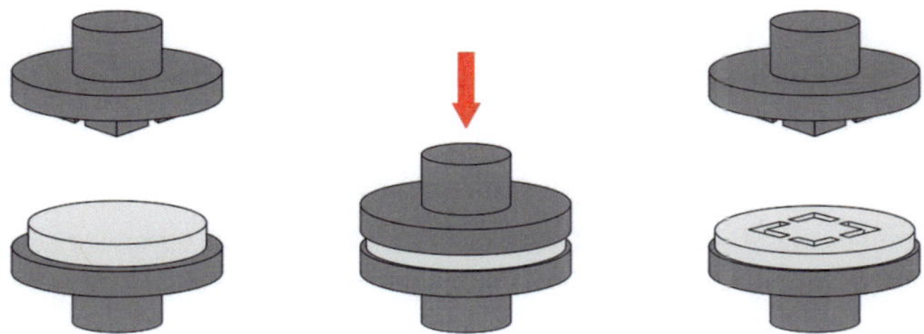

Abb. 5.8: Schematische Darstellung des Heißprägeprozesses bestehend aus Platzierung eines thermoplastischen Polymers in einer Vakuumkammer zwischen den Abformwerkzeugen (links), Prägen der Strukturen unter definiertem Druck und Temperatur (mittig) und Trennung von Polymer und Abformwerkzeug nach Abkühlung (rechts).

zwischen zwei Abformwerkzeugen platziert. Eines der beiden Abformwerkzeuge enthält dabei das Negativ der zu replizierenden Struktur. Die Abformwerkzeuge werden auf die Umformtemperatur des Polymers erwärmt und nach Temperaturausgleich von Werkzeugen und Substrat unter definiertem Druck zusammengedrückt. So wird die Struktur in das Polymer übertragen. Das Ausmaß und die Dauer des applizierten Drucks hängen dabei von der Strukturgeometrie sowie dem verwendeten Polymer ab. Danach werden die Werkzeuge unter Beibehaltung des Drucks abgekühlt. Unterhalb der Glasübergangstemperatur des Polymers werden die Abformwerkzeuge auseinandergezogen, so dass das strukturierte Substrat freigelegt wird. Substrat und Abformwerkzeug können automatisch während des Auseinanderfahrens der Werkzeuge oder danach manuell getrennt werden [100].

Als Substratmaterialien eignen sich dabei prinzipiell die meisten thermoplastischen Polymere. In dieser Arbeit wurden PMMA und ein Cycloolefincopolymer (COC), welches sich insbesondere durch geringes Aufquellen in Wasserumgebung sowie durch Widerstandsfähigkeit gegenüber Säuren und Basen auszeichnet, zum Heißprägen verwendet [2].

Vor dem eigentlichen Heißprägen muss ein Abformwerkzeug, das die negative photonische Kristallstruktur trägt, hergestellt werden [101, 102]. Dazu wurde eine durch Elektronenstrahllithographie hergestellte photonische Kristallstruktur in PMMA galvanisch mit Nickel aufgefüllt, wodurch ein Nickel-Abformwerkzeug entstand. Der Prozessablauf der Herstellung des Abformwerkzeugs ist in Abbildung 5.9 gezeigt. Zunächst wurde also eine 380 nm dicke PMMA-Schicht auf einen Siliziumwafer aufgeschleudert. Durch denselben elektronenstrahllithographischen Prozess, wie im vorigen Abschnitt $(900\,\mathrm{nC/cm^2}$ mit $100\,\mathrm{keV}$ Elektronen) beschrieben, und nachfolgendes 60 s langes Entwickeln sowie Spülen wurde die zu replizierende photonische Kristallstruktur in die PMMA-Schicht eingebracht (Abbildung 5.9 (a)). Die Geometrieparameter entsprachen denen der im vorherigen Abschnitt besprochenen elektronenstrahllithographisch hergestellten Struktur. Zur Haftverbesserung wurde dann eine 5 nm dicke Chromschicht auf die Struktur aufgedampft (Abbildung 5.9 (b)) gefolgt von einer Goldschicht von 30 nm Dicke, die als leitende Galvanikstartschicht dient (Abbildung 5.9 (c)) und die den Lochdurchmesser der ursprünglichen Struktur auf etwa 40 nm verringert. Nach der Goldbe-

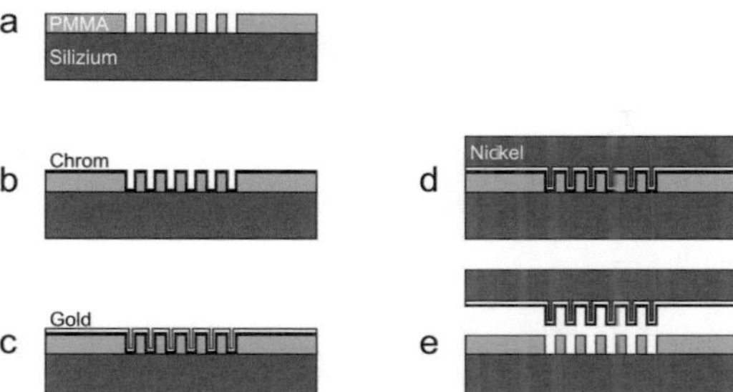

Abb. 5.9: Prozessablauf zur Herstellung eines Abformwerkzeuges aus Nickel für das Heißprägen: **a** Herstellung der zu replizierenden Struktur per Elektronenstrahllithographie, **b** Aufdampfen einer Chromschicht, **c** Aufdampfen einer Goldschicht, **d** Gal-
vanisches Auffüllen der Struktur mit Nickel, **e** Trennung von Ausgangsstruktur und
Abformwerkzeug.

schichtung wurde das Substrat galvanisch in einem Nickelsulfamatbad zu einer Dicke
von 500 μm mit Nickel beschichtet (Abbildung 5.9 (d)). Abschließend wurde das Nickelwerkzeug manuell von der ursprünglichen Struktur aus Silizium und PMMA getrennt
(Abbildung 5.9 (e)). Zwischen den Metallstrukturen hängen gebliebene Überreste aus
PMMA wurden mit Aceton entfernt. So wurde ein Nickel-Abformwerkzeug bestehend
aus einem im Quadratgitter angeordneten Feld von Säulen hergestellt.

Abb. 5.10: REM-Nahaufnahme eines Strukturfeldes auf dem Nickel-Abformwerkzeug zum
Heißprägen. Aufsicht (links) und Ansicht unter 45° (rechts).

Eine REM-Aufnahme eines Strukturfeldes auf dem Abformwerkzeug zeigt Abbildung 5.10. Das Säulenfeld zeigt ein regelmäßiges Quadratgitter und keine strukturellen Defekte. Die Seitenwände der Säulen sind nahezu senkrecht. Die Höhe der Säulen beträgt etwa 365 nm und deren Durchmesser 110 nm, was einem Aspektverhältnis von etwa 3,5 entspricht. Dementsprechend bilden die Säulen die negative Struktur des ursprünglichen photonischen Kristalls gut ab.

Das hergestellte Abformwerkzeug wurde dann zum Heißprägen photonischer Kristallstrukturen verwendet. Dazu wurden Substrate aus PMMA (HesaGlas VOS von Notz-Plastics) mit 0,5 mm Dicke und Substrate aus COC Topas 8007 einer Dicke von 0,25 mm verwendet. Die Abmessungen der Substrate wurden etwas kleiner als das Nickelwerkzeug ausgelegt. Die dem Nickelwerkzeug gegenüberliegende Seite wurde mit einer sandgestrahlten Platte versehen. Die Umformtemperatur des PMMA wurde zu 190 °C gewählt, während die des COC auf 130 °C festgelegt wurde. Diese Temperaturen liegen jeweils weit oberhalb der Glasübergangstemperaturen der jeweiligen Polymere (105 °C sowie 78 °C [103, 104]) und sind damit für die Replikation von Nanostrukturen sinnvoll. Nach dem Temperaturausgleich von Werkzeugen und Substrat bei der Umformtemperatur wurde eine Kraft von 12 kN auf die Werkzeuge ausgeübt, welche 10 min gehalten wurde. Innerhalb dieser Umformperiode fließt das Polymer um die Säulen der Nickelstruktur auf dem Abformwerkzeug und füllt den kompletten Zwischenraum zwischen Abformwerkzeug und sandgestrahlter Platte. Nach der Umformperiode wurde die Temperatur auf 95 °C beziehungsweise 50 °C, also unter die Glasübergangstemperatur des jeweiligen Polymers, gesenkt. Nach einem weiteren Temperaturausgleich wurden die Werkzeuge auseinandergefahren. Aufgrund der Haftung des Polymersubstrates an der Sandstrahlplatte wurden Substrat und Nickelwerkzeug so automatisch getrennt.

Eine in PMMA abgeformte heißgeprägte photonische Kristallstruktur ist beispielhaft in Abbildung 5.11 links gezeigt. Die quadratische Lochstruktur ist wie die Säulenstruktur auf dem Nickelwerkzeug regelmäßig und weist keine strukturellen Defekte auf. Der Lochdurchmesser gleicht mit 110 nm ebenfalls dem Säulendurchmesser des Nickelwerkzeugs. In diesem Fall ist die Oberfläche der abgeformten Struktur um etwa 50 nm in das PMMA-Substrat eingedrückt. Andere Substrate, bei denen die abgeformte Struktur leicht angehoben ist, zeigen einen umgekehrten Effekt, wie beispielsweise in Abbildung 5.11 rechts erkennbar ist. Hier ist die in COC abgeformte Struktur gegenüber der umliegenden Oberfläche um etwa 20 nm angehoben. Insgesamt ergaben sich Höhenunterschiede der abgeformten Strukturenfelder gegenüber der umliegenden Substratoberfläche zwischen −50 nm und 20 nm. Die in COC abgeformte Struktur in Abbildung 5.11 rechts zeigt zusätzlich einen leichten Verzug des Lochgitters nach links, der auf eine außermittige Platzierung des Strukturfeldes auf dem Polymersubstrat zurückgeführt werden kann. Durch die außermittige Platzierung wirken aufgrund unterschiedlichen Schrumpfverhaltens von Substrat und Werkzeug beim Abkühlen starke Scherkräfte auf die abgeformte Struktur während des Entformens, welche zu einem Verzug führen können. Dieser Verzug kann durch Einfügen von zusätzlichen Haltestrukturen auf dem Nickelwerkzeug, die die Scherkräfte während des Trennens von Substrat und Werkzeug aufnehmen, reduziert werden [95, 105, 106]. Einen Schnitt durch eine in COC abgeformte Struktur zeigt Abbildung 5.12. Die Tiefe der abgeformten Löcher beträgt 370 nm, so dass die Strukturgrößen sowie das Aspektverhältnis von 3,5 auf die abgeformten Strukturen übertragen werden konnten. In PMMA abgeformte Strukturen wiesen gleiche Lochtiefen auf. Die Realisierung der Abformung photonischer Kristallstrukturen in PMMA und COC legt die Grundlage zur massenfertigungstauglichen Herstellung integrierter photonischer Kristalle in Polymersystemen. Die in den Polymersubstraten abgeformten Strukturen können jedoch noch nicht als photonische Kristallschicht selbst fungieren, da hier die untere Mantelschicht zur Führung des Lichts in der photonischen Kristallstruktur fehlt.

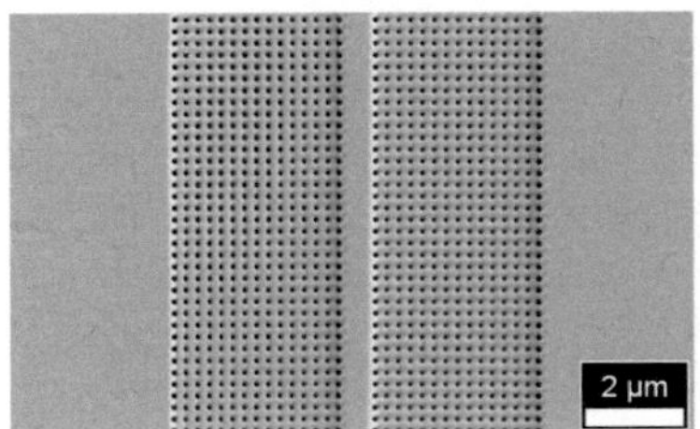

Abb. 5.11: REM-Aufnahme einer durch Heißprägen in PMMA (links) und COC (rechts) abgeformten photonischen Kristallstruktur.

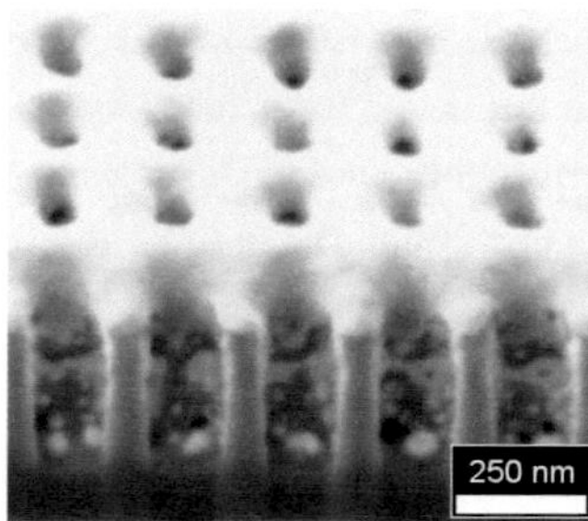

Abb. 5.12: REM-Aufnahme eines FIB-Schnittes durch eine in COC abgeformte photonische Kristallstruktur. Die Struktur ist von einer 10 nm dicken Goldschicht zur Verbesserung der Schnittqualität bedeckt.

Die direkte Abformung einer photonischen Kristallschicht wurde durch Prägen in einen Schichtwellenleiter aus Teflon und PMMA ebenfalls durchgeführt. Das Ergebnis dieser Abformung ist in Abbildung 5.13 zu sehen. Das Lochgitter ist durch den Prägeprozess wieder regelmäßig übertragen, während die Löcher im Durchmesser zwischen 90 nm und 110 nm schwanken. Durch die relativ geringe Haftung zwischen Teflon und PMMA im Schichtaufbau reißt die heißgeprägte PMMA-Schicht beim Trennen von dem Nickelwerkzeug außerdem sehr leicht von der darunter liegenden Teflonmantelschicht ab. Dies macht die Herstellung photonischer Kristallschichten durch Heißprägen ei-

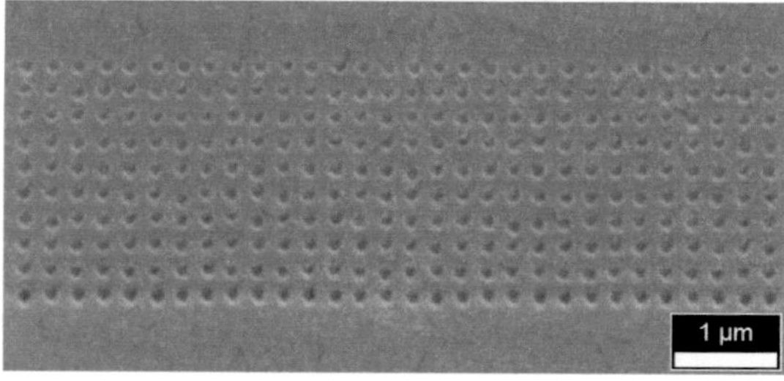

Abb. 5.13: Photonische Kristallstruktur, die in eine auf Teflon aufgeschleuderte 500 nm dicke PMMA-Schicht abgeformt wurde.

nes Schichtwellenleiters auf Teflonbasis schwierig. Die Abformung der photonischen Kristallstrukturen in PMMA und COC zeigt jedoch die prinzipielle Realisierbarkeit von photonischen Kristallschichten durch Heißprägen. Hierzu sollten allerdings andere Polymerschichtaufbauten, die durch stärkere Haftung der Schichten untereinander besser zum Prägen geeignet sind, verwendet werden. Zur Realisierung eines parallelen Herstellungsprozesses ist auch ein kombiniertes Verfahren aus Heißprägen und anschließendem Trockenätzen denkbar.

5.2.3 Herstellung von Mikrokanälen im Mantel einer photonischen Kristallschicht

Zur Vervollständigung des photonischen Kristallschichtsensors muss die photonische Kristallschicht durch einen Teflonmantel mit kanalförmiger Aussparung, die über der Struktur liegt, ergänzt werden. Dazu wurde der in Abschnitt 5.2.1 beschriebene elektronenstrahllithographische Prozess zur Herstellung der photonischen Kristallschicht entsprechend erweitert. Der Prozessablauf zur Herstellung der vollständigen Struktur ist in Abbildung 5.14 skizziert.

Zunächst wurde nach dem im vorherigen Abschnitt erklärten Prozess eine photonische Kristallschicht aus Teflon und PMMA durch Aufschleudern einer 2 µm dicken Teflonschicht auf einen Siliziumwafer (9 % Teflon AF gelöst in FC-40 von 3M, 12 min Ausbacken bei 165 °C), Aufrauen der Teflonoberfläche durch Plasmaätzen [87], Aufschleudern einer 380 nm dicken PMMA-Schicht (PMMA 950k A4 von MicroChem, 10 min Ausbacken bei 165 °C) und Elektronenstrahllithographie in die PMMA-Schicht (900 nC/cm^2 bei 100 keV mit Vistec VB6-HR, 60 s Entwicklung mit MIBK:IPA = 1:1 und 60 s Spülen mit IPA) hergestellt (Abbildung 5.14 (a) und (b)). Die 110 nm breiten und in einem Quadratgitter von 250 nm Gitterkonstante angeordneten Löcher in der PMMA-Schicht wurden dann mit Chrom versiegelt, um das PMMA vor im folgenden Prozessablauf verwendeten Lösungsmitteln zu schützen. Dazu wurde eine 300 nm dicke Chromschicht unter einem Winkel von 45° auf das Substrat aufgedampft (Abbildung 5.14 (c)). Hierdurch wird die strukturierte PMMA-Schicht vollständig durch Chrom bedeckt, so dass weitere Polymerschichten aufgeschleudert werden können, ohne die photonische

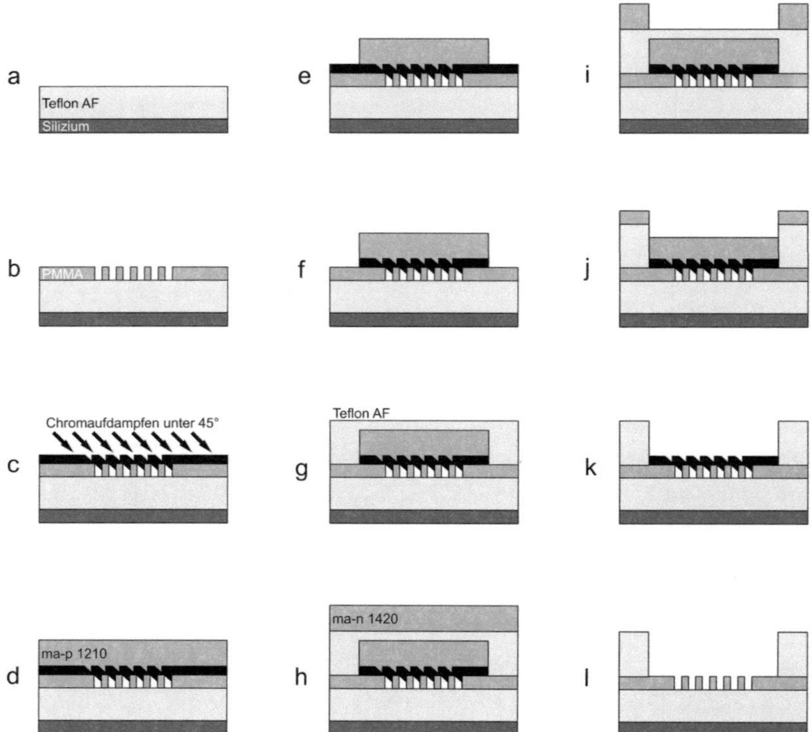

Abb. 5.14: Prozessablauf zur Integration eines justierten mikrofluidischen Kanals in der oberen Mantelschicht einer photonischen Kristallschicht aus Teflon und PMMA: **a - b** Prozessierung der photonischen Kristallschicht ohne obere Mantelschicht, **c** Chromaufdampfen unter 45° zur Versiegelung der photonischen Kristallstruktur, **d - f** Aufschleudern eines Photoresists und justierte Prozessierung eines Steges oberhalb der photonischen Kristallstruktur per UV-Lithographie sowie Entfernung der Chromschicht außerhalb des Steges, **g** Aufschleudern einer Teflonschicht bis zum Verdecken des Steges, **h - i** Aufschleudern eines Photoresists und Prozessierung eines Kanals oberhalb des Steges, **j** Trockenätzen bis zum Freilegen des Steges, **k - l** Entfernung des restlichen Photoresists und der Chromschicht.

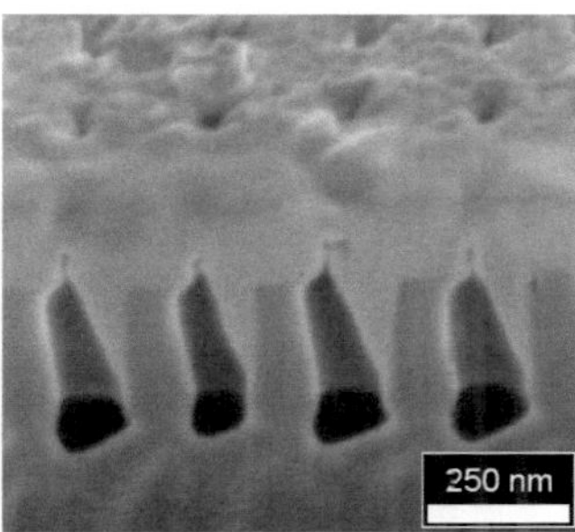

Abb. 5.15: REM-Aufnahme eines FIB-Schnittes durch eine mit Chrom versiegelte photonische Kristallstruktur in PMMA (siehe Prozessschritt **c** in Abbildung 5.14).

Kristallstruktur im PMMA zu beschädigen. Einen FIB-Schnitt durch eine so versiegelte PMMA-Struktur zeigt die REM-Aufnahme in Abbildung 5.15. Man erkennt, dass das strukturierte PMMA vollständig von Chrom bedeckt wird. Nach dem Aufdampfen von Chrom wurde ein positiver Photoresist (ma-p 1210 von micro resist technology) für die UV-Photolithographie bis zu einer Dicke von 1,5 µm auf das Substrat aufgeschleudert (Abbildung 5.14 (d)). Der Resist wurde in einem Maskaligner (EVG 620) durch eine Linienchrommaske mit UV-Licht der Wellenlänge $\lambda = 365\,\mathrm{nm}$ bis zu einer eingebrachten Energie von $38\,\mathrm{mJ/cm^2}$ belichtet und mit dem zugehörigen Entwickler (ma-d 331 von micro resist technology) 40 s entwickelt. Die Linienmaske war hierbei so zu dem unterliegenden Substrat ausgerichtet, dass die resultierende Struktur einen Polymersteg oberhalb des versiegelten photonischen Kristalls, also genau dort, wo später der Kanal platziert sein soll, bildet (Abbildung 5.14 (e)). Die Chrombeschichtung außerhalb des Steges wurde dann durch 5-minütige Anwendung einer Chromätze (chromium etch No. 1 von micro resist technology) entfernt (Abbildung 5.14 (f)). Anschließend wurde die obere Mantelschicht aus Teflon zu einer Dicke von 2 µm aufgeschleudert und ausgebacken, so dass der Polymersteg vollständig von Teflon bedeckt wird. Während des Ausbackens wurde die Temperatur dabei zu 100 °C gewählt, um die Glasübergangstemperatur des PMMA nicht zu übersteigen und so die unterliegende photonische Kristallstruktur unbeschadet zu lassen. Die Ausbackdauer wurde dabei auf 30 min erhöht (Abbildung 5.14 (g)). Nach dem Aufbringen der Teflonschicht wurde deren Oberfläche durch Behandlung mit Sauerstoffplasma zur Haftverbesserung 2 min lang angeraut, bevor eine weitere Schicht negativen Photoresists (ma-n 1420 von micro resist technology) mit einer Dicke von 1,5 µm auf das Substrat aufgebracht wurde (Abbildung 5.14 (h)). Danach wurde der Negativresist durch dieselbe Linienmaske wie der Positivresist zuvor belichtet, wobei die Maske zum unterliegenden Polymersteg ausgerichtet war. Bei der UV-Lithographie wurde eine Energiedosis von 565 mJ/cm^2 eingebracht und 65 s mit dem zugehörigen Entwickler (ma-d 533 von micro resist technology) entwickelt (Abbildung 5.14 (i)). Der strukturierte Negativresist wurde dann als Maske für den nachfolgenden Trockenätzschritt der dünnen Teflonrestschicht oberhalb des Stegs aus Positivresist verwendet. Das Substrat wurde dabei mittels reaktiven Ionenätzens (Oxford Plasmalab 80Plus) mit $O_2 : CHF_3$ (15:45 sccm) bei 2 Pa Druck und 100 W Leistung geätzt (Abbildung 5.14 (j)). Danach wurden die Überreste von Positiv- und Negativresist durch einminütige Anwendung eines Ätzmittels (ma-r 404 von micro resist technology) entfernt (Abbildung 5.14 (k)). Abschließend wurde das auf der photonischen Kristallstruktur verbliebene Chrom durch Anwenden des Chromätzmittels (chromium etch No. 1 von micro resist technology, 5 min Anwendung) entfernt, wodurch die gewünschte Gesamtstruktur aus photonischer Kristallschicht mit darüber liegendem Kanal fertiggestellt wurde (Abbildung 5.14 (l)).

Eine REM-Aufnahme einer so hergestellten Gesamtstruktur zeigt Abbildung 5.16 links. Die PMMA-Schicht mit der photonischen Kristallstruktur am Boden des mikrofluidischen Kanals ist vollständig freigelegt. Der mikrofluidische Kanal weist gerade Seitenwände auf. Die sichtbaren Streifen entlang der Kanalgrenzen von etwa 2 µm Breite lassen sich auf leichte Fehljustage während des zweiten Lithographieschritts zurückführen. Eine Nahaufnahme der photonischen Kristallstruktur im Boden des Kanals zeigt Abbildung 5.16 rechts. Die photonische Kristallstruktur ist hier gut aufgelöst und alle Löcher sind freigelegt.

Für die spätere Realisierung portabler Systeme ist die Verschließung des Kanals notwendig. Dazu kann eine Polymerfolie auf den Schichtaufbau aufgelegt werden, welche durch thermisches Bonden oder Laserschweißen so mit der obersten Teflonschicht verbunden wird, dass der Kanal versiegelt ist.

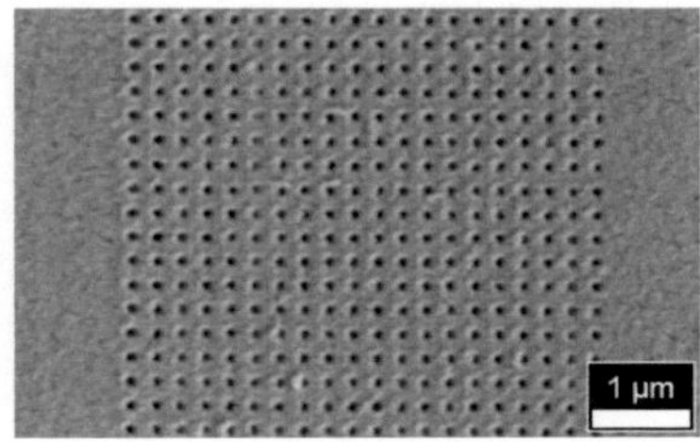

Abb. 5.16: REM-Aufnahme des in der oberen Teflonmantelschicht einer photonischen Kristallschicht hergestellten mikrofluidischen Kanals (links) und Nahaufnahme der photonischen Kristallstruktur in der PMMA-Schicht am Boden des Kanals (rechts).

5.3 Integration von Mikrodisks

Das Konzept zur Integration einer Mikrodisk als Signalwandler eines Sensors sieht eine
Teflonschicht als unteren Mantel mit darüber liegender Mikrodisk und Streifenwellenleiter aus PMMA vor. Das System kann dabei noch durch eine weitere Teflonschicht als
oberer Mantel mit einer senkrecht zum Streifenwellenleiter ausgerichteten kanalförmi-
gen Aussparung, die die Mikrodisk freilegt, versehen sein.

Zur Realisierung des Systems wurde zunächst ein Schichtaufbau aus Teflon und PMMA
hergestellt. Der Prozessablauf war dabei analog zu dem der photonischen Kristallschicht.
Es wurde eine Teflonschicht von 2 μm Dicke (9 % Teflon AF in FC-40 von 3M) auf ein
Siliziumsubstrat aufgeschleudert und 12 min bei 165 °C ausgebacken, danach zur Haft-
verbesserung mit Sauerstoffplasma aufgeraut und mit einer PMMA-Schicht (PMMA
950k A7 mit 7 % Feststoffanteil in Anisol) von 1,2 μm belackt und ausgebacken. Die
PMMA-Schicht wurde dann mittels einer Hellfeldmaske UV-lithographisch in einem
Maskaligner (EVG 620) mit UV-Licht der Wellenlänge 240 nm - 250 nm strukturiert. Die
Belichtung erfolgte dabei im Vakuumkontaktmodus, um den Abstand zwischen PMMA-
Schicht und Chromschicht der Maske und damit Beugungseffekte zu reduzieren. Um ein
Verkleben von Maske und Substrat zu verhindern, wurde der Großteil des Hellfelds der
Maske während der Belichtung abgedeckt, so dass die durch UV-Einstrahlung induzierte

Aufweichung und Anklebung des PMMA an der Maske abgeschwächt wird. Die Belichtung erfolgte mit einer Energiedosis von $3\,J/cm^2$. Anschließend wurde das Substrat in einer Mischung aus MIBK:IPA (1:1) 37 s im Becherglas entwickelt und 30 s in IPA gewaschen. Die Entwicklungsdauer ist hierbei kritisch, da sich die Strukturen aufgrund der geringen Haftung auf Teflon leicht von der unterliegenden Teflonschicht ablösen.

So konnten Systeme aus Mikrodisk und tangential angeordnetem Streifenwellenleiter bis zu einem minimalen Abstand von 750 nm prozessiert werden. Eine REM-Aufnahme einer Anordnung aus Mikrodisk und Wellenleiter zeigt Abbildung 5.17. Mikrodisk und Wellenleiter sind gleichmäßig entwickelt und der Spalt von 750 nm Breite zwischen Mikrodisk und Wellenleiter ist gut aufgelöst.

Abb. 5.17: REM-Aufnahme einer per UV-Lithographie hergestellten Anordnung aus Mikrodisk und Streifenwellenleiter mit 25 µm Diskradius und 750 nm Abstand.

Zur Realisierung schmalerer Kopplungsspalte wurde hier ebenfalls auf Elektronenstrahllithographie zurückgegriffen. Dazu wurde wie für die UV-lithographische Strukturierung zunächst die Schichtstruktur aus 2 µm Teflon und 1,2 µm PMMA hergestellt. In die PMMA-Schicht wurde dann die zu entwickelnde Struktur per Elektronenstrahl eingeschrieben, wobei nur ein schmaler Rahmen von einigen Mikrometern (minimal 3 µm) um Disk und Wellenleiter herum geschrieben wurde, um die im PMMA eingebrachte Ladungsmenge sowie die Schreibdauer nicht unnötig hoch werden zu lassen. Die eingebrachte Flächenladung entsprach hier $750\,\mathrm{nC/cm^2}$ bei auf $100\,\mathrm{keV}$ beschleunigten Elektronen. Die anschließende Entwicklung fand auch hier im Becherglas statt, wobei $35\,\mathrm{s}$ mit MIBK:IPA (1:1) entwickelt und $30\,\mathrm{s}$ mit IPA gewaschen wurde.

Auf diese Weise konnten Strukturen mit einem minimalen Kopplungsspalt von $340\,\mathrm{nm}$ hergestellt werden. Eine REM-Aufnahme einer so hergestellten Anordnung aus Streifenwellenleiter und Mikrodisk zeigt Abbildung 5.18. Mikrodisk und Streifenwellenleiter sowie der zwischen beiden liegende Kopplungsspalt von $340\,\mathrm{nm}$ Breite sind gut aufgelöst. Im per Elektronenstrahl geschriebenen Rahmen um die Mikrodisk sind allerdings Reste von PMMA erkennbar. Diese können durch während des Elektronenstrahlschreibens rückgestreute Elektronen, welche zu einem im PMMA ungleichmäßig verteilten Energieeintrag führen, erklärt werden. Dieser Effekt kann jedoch durch eine an die Elektronenrückstreuung angepasste Energiedosisverteilung des Elektronenstrahls über der geschriebenen Fläche kompensiert werden [77].

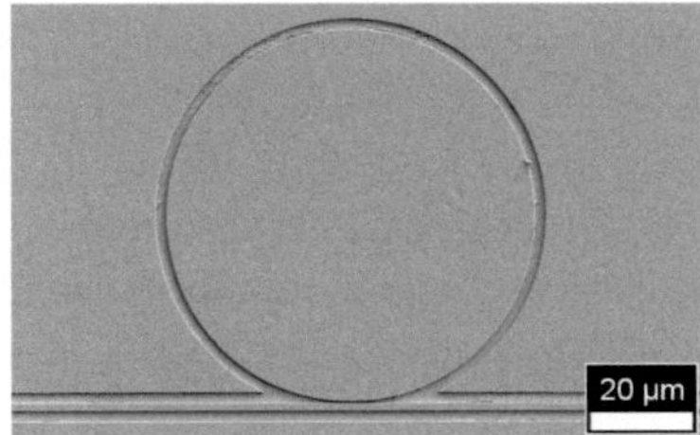

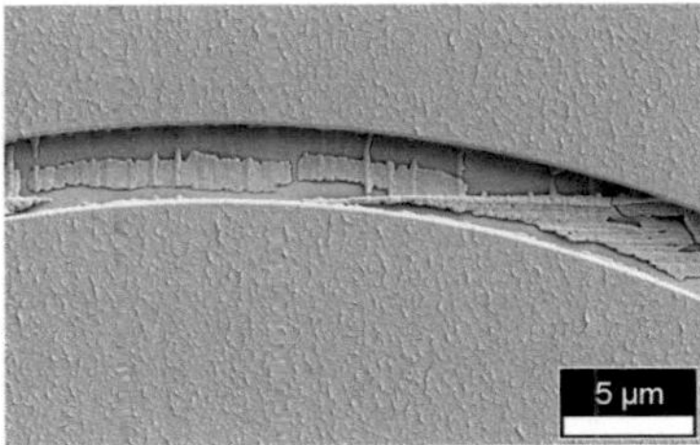

Abb. 5.18: REM-Aufnahme einer per Elektronenstrahllithographie hergestellten Anordnung aus Mikrodisk und Streifenwellenleiter mit $25\,\mu\mathrm{m}$ Diskradius und $340\,\mathrm{nm}$ Abstand (links), und Nahaufnahme des entwickelten Mikrodiskrandes mit Resistresten (rechts).

Soll nun auf die Anordnung aus Streifenwellenleiter und Mikrodisk noch eine obere Mantelschicht aus Teflon mit einem die Disk freilegenden Kanal aufgebracht werden, so kann der bereits im Zusammenhang mit der Herstellung der photonischen Kristallstruktur beschriebene Prozess in identischer Weise angewandt werden, siehe Abschnitt 5.2.3. Dieser Prozess wurde im Rahmen der vorliegenden Arbeit jedoch nicht durchgeführt.

6 Charakterisierung der hergestellten Strukturen

Die nach Vorgabe der numerischen Auslegung hergestellten integriert optischen Fluoreszenzsensoren, photonischen Kristallschichtsensoren und Mikrodisksensoren wurden nachfolgend optisch charakterisiert. Die Polymersysteme mit integriertem Wellenleiter zur Fluoreszenzanregung sowie mit integrierter photonischer Kristallschicht waren dabei für sichtbares Licht ausgelegt, anders als das Mikrodiskkonzept, welches für nahes Infrarot dimensioniert wurde. Die Fluoreszenzanregung wurde durch ein externes Mikroskop detektiert, während photonischer Kristall und Mikrodisk durch eine Transmissionsmessung charakterisiert wurden.

In diesem Kapitel werden die Experimente zur optischen Charakterisierung der hergestellten integriert optischen Systeme beschrieben. Der erste Abschnitt zeigt die Anwendung von Polymerwellenleitern zur Anregung fluoreszenzmarkierter Zellen sowie Phospholipiden. Die Messung der Fluoreszenz erfolgte dabei über ein Fluoreszenzmikroskop. Im darauffolgenden Abschnitt wird die Transmissionsmessung durch die hergestellte photonische Kristallschicht in PMMA behandelt. Der dritte Abschnitt erklärt das Vorgehen zur Messung des Transmissionsspektrums des Mikrodisksensors.

6.1 Fluoreszenzanregung von Biomolekülen über Polymerwellenleiter

Zum Nachweis der Funktionalität der UV-induzierten Polymerwellenleiter für die Fluoreszenzanregung biologischer Proben wurden durch die hergestellten integrierten Wellenleiter fluoreszenzmarkierte Phospholipide sowie fluoreszenzmarkierte Zellen angeregt [85]. Die Anregung wurde hierbei innerhalb eines den Wellenleiter kreuzenden Kanals über direkte Anstrahlung mittels im Wellenleiter geführten Lichts oder auf der

Oberfläche des Wellenleiters durch das evaneszente Feld der Wellenleitermode realisiert, ähnlich der in [62] gezeigten Fluoreszenzanregung.

Nach der Herstellung der PMMA-Substrate mit integriertem UV-induzierten Wellenleiter und Fluidikkanal wurden die Chips für die Messung auf transparenten Grundplatten befestigt. Diese waren im Vergleich zu den PMMA-Chips etwas größer, damit die für die Einkopplung des Lichts in den Wellenleiter benutzte Faser darauf fixiert werden konnte, siehe Abbildung 6.1.

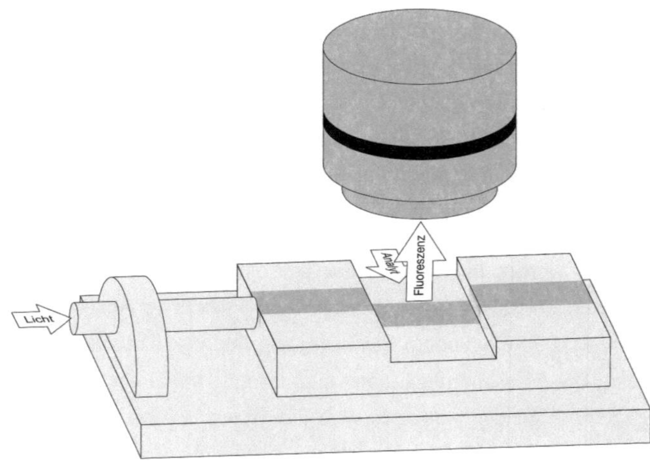

Abb. 6.1: Schema der experimentellen Anordnung zur Fluoreszenzanregung biologischer Proben mittels integrierter Polymerwellenleiter. Der Polymerchip sowie die Glasfaser zur Einkopplung des Anregungslichts sind zur einfachen Handhabung innerhalb eines Fluoreszenzmikroskops auf einer gemeinsamen transparenten Grundplatte fixiert.

Die auf den transparenten Grundplatten montierten Chips wurden dann mit fluoreszenzmarkierten Phospholipiden oder fluoreszenzmarkierten Zellen versehen. Die Phospholipide wurden dabei durch Dip-Pen-Nanolithographie (DPN), wie sie von [107, 108] beschrieben wurde, aufgebracht. Die Dip-Pen-Nanolithographie verwendet als Schreibgerät ein modifiziertes und parallelisiertes Rasterkraftmikroskop (AFM). Hier wirkt die

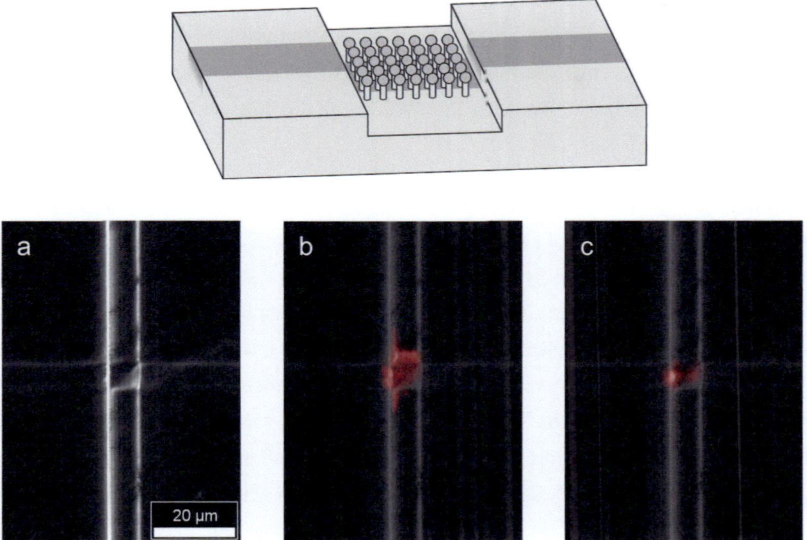

Abb. 6.2: Schematische Darstellung (oben) und Mikroskopaufnahmen (unten) fluoreszenzmarkierter Phospholipide innerhalb eines mikrofluidischen Kanals. Unten links: Phasenkontrastaufnahme der Struktur aus Kanal (vertikal) und Wellenleiter. Unten mittig: Fluoreszenzaufnahme bei Anregung unter Flutlicht durch das Mikroskopobjektiv. Unten rechts: Fluoreszenzaufnahme bei Anregung über den Wellenleiter.

Spitze des Rasterkraftmikroskops wie eine Schreibfeder, die eine Lösung der Phospholipide aufnimmt. Durch Führen der Spitze auf der Oberfläche des Polymersubstrats können die Phospholipide so mit Genauigkeiten von bis zu 20 nm aufgebracht werden. Diese Methode eignet sich also insbesondere zum Einbringen der Phospholipide in kleine Kavitäten oder Kanäle [84]. Der Nachweis der Fluoreszenz an Phospholipiden und Zellen erfolgte mittels eines herkömmlichen Fluoreszenzmikroskops.

Zunächst wurden die Phospholipide auf den Kanalboden eines Chips mit integrierter Kreuzung aus mikrofluidischem Kanal und Wellenleiter aufgebracht, wie in Abbildung 6.2 oben schematisch dargestellt. Dazu wurden biotinylierte Phospholipide (18:1 Lissamin:Rhodamin PE, Avanti Nr. 810150 von Avanti Polar Lipids Inc.) durch DPN im

Kreuzungspunkt zwischen Kanal und Wellenleiter auf dem Kanalboden deponiert. Anschließend wurde Streptavidin (Streptavidin-Cy3, Produktnr. S6402-1ML von Sigma-Aldrich Co.), welches mit dem Fluoreszenzmarker Cy3 (Absorptionsmaximum 550 nm, Emissionsmaximum bei 570 nm) markiert wurde, an die biotinylierten Lipide gebunden.

Anschließend an die Deponierung der Phospholipide wurde der Polymerchip optisch charakterisiert. Hierbei wurde zuerst ein Referenzbild der Kreuzung aus Wellenleiter und Mikrodisk mit einem Nikon TE 2000 Mikroskop im Phasenkontrastverfahren aufgenommen (Abbildung 6.2 a). Danach wurde die Fluoreszenzmessung durchgeführt. Unter flächiger Anregung der fluoreszenzmarkierten Phospholipide mittels einer auf den Wellenlängenbereich von 540 nm bis 580 nm gefilterten Quecksilberdampflampe wurde hierbei das emittierte Fluoreszenzlicht im Wellenlängenbereich von 600 nm bis 660 nm durch das Mikroskopobjektiv detektiert. Abbildung 6.2 b zeigt eine Überlagerung des Referenzbildes mit der Fluoreszenzaufnahme. Anschließend wurden die Fluoreszenzmarker mit einem grünen Laser der Wellenlänge $\lambda = 532$ nm angeregt. Das Laserlicht wurde dabei in die Endfacette des Wellenleiters eingekoppelt und durch diesen zum Kreuzungspunkt aus Wellenleiter und Kanal geführt. So konnten die innerhalb des Kreuzungspunktes aufgebrachten Marker durch das aus der Endfacette des Wellenleiters im Kanal austretende Licht selektiv zur Fluoreszenz angeregt werden (Abbildung 6.2 c).

Für die nächste Fluoreszenzmessung sollten die Marker über das evaneszente Feld der Wellenleitermode eines UV-induzierten Wellenleiters zur Fluoreszenz angeregt werden. Dies ist schematisch in Abbildung 6.3 oben gezeigt. Dazu wurden mit Rhodamin B (Absorptionsmaximum 560 nm, Emissionsmaximum 570 nm) markierte Phospholipide mittels DPN direkt auf die Oberfläche eines UV-induzierten Wellenleiters aufgebracht. Das evaneszente Feld des Wellenleiters erstreckt sich hierbei wenige 100 nm in das Medium oberhalb der Polymeroberfläche. Zuerst wurde die Fluoreszenz unter Flutbelichtung mit den gleichen Parametern wie für den Kanal angeregt und gemessen (Abbildung 6.3 b). Danach wurde grünes Laserlicht ($\lambda = 532$ nm) in den Wellenleiter eingekoppelt, um die Phospholipide durch das evaneszente Feld des Wellenleiters anzuregen (Abbildung 6.3 c). Man erkennt, dass in diesem Fall nur die den Wellenleiter direkt bedeckenden Lipide in der Fluoreszenzaufnahme sichtbar sind. Das evaneszente Feld der Wellenlei-

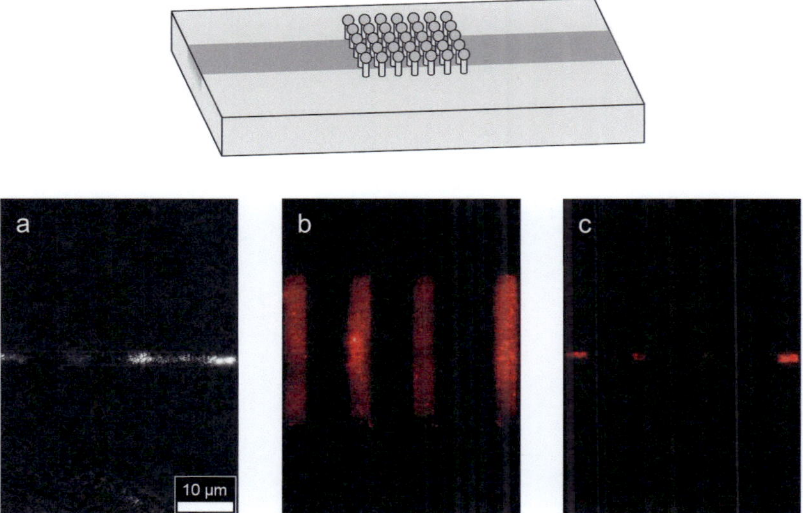

Abb. 6.3: Schematische Darstellung (oben) und Mikroskopaufnahmen (unten) fluoreszenzmarkierter Phospholipide auf einem Polymerwellenleiter. Unten links: Phasenkontrastaufnahme der Phospholipide und des Wellenleiters. Unten mittig: Fluoreszenzaufnahme bei Anregung unter Flutlicht durch das Mikroskopobjektiv. Unten rechts: Fluoreszenzaufnahme bei Anregung über das evaneszente Feld des Wellenleiters.

termode reicht also aus, um die Fluoreszenzmarker in der Lipidschicht oberhalb des Polymers anzuregen.

Die beiden obigen Experimente zur Fluoreszenzanregung wurden genauso auch für lebende Zellen durchgeführt. Dazu wurden für die in Abbildung 6.4 oben schematisch dargestellte Fluoreszenzanregung im Kanal L929 Maus-Fibroplasten kultiviert. Dies wurde nach üblichen Vorgehensweisen, wie beispielsweise in [109] beschrieben, durchgeführt. Nach der Trypsinierung wurden die Zellen in Suspension mit DiD Vybrant (DiD Vybrant Zellmarkierungslösung, Katalognr. V-22887 von Molecular Probes) gefärbt. Dieser lipophile Farbstoff färbt die Zellmembran selektiv (Absorptionsmaximum 650 nm, Emissionsmaximum 670 nm). Nach der Entfernung des übrig gebliebenen ungebun-

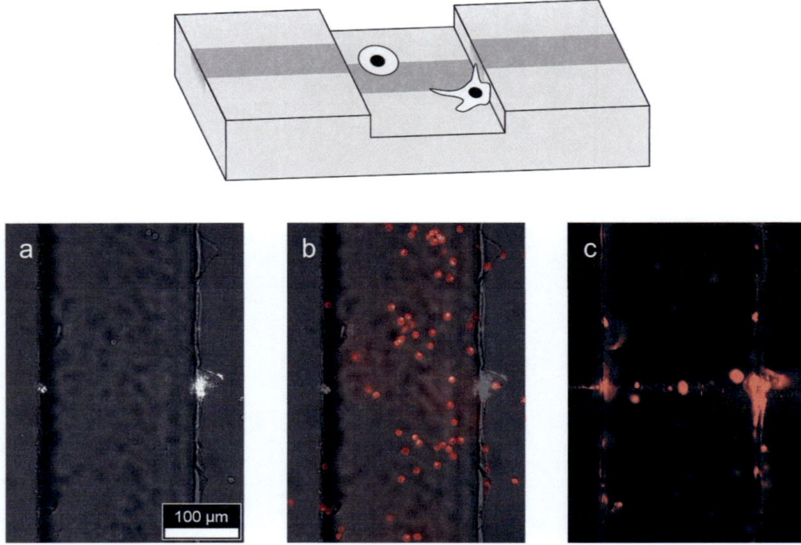

Abb. 6.4: Schematische Darstellung (oben) und Mikroskopaufnahmen (unten) gefärbter Zellen innerhalb eines mikrofluidischen Kanals. Unten links: Hellfeldaufnahme der Struktur aus Kanal (vertikal) und Wellenleiter. Unten mittig: Fluoreszenzaufnahme bei Anregung unter Flutlicht durch das Mikroskopobjektiv. Unten rechts: Fluoreszenzaufnahme bei Anregung über den Wellenleiter.

denen Farbstoffs durch Spülen der Zellsuspension wurde die Suspension mit Pipetten in den mikrofluidischen Kanal eingebracht. Zur Fluoreszenzmessung wurden zunächst durch Flutbelichtung in einem Zeiss Apotom im Wellenlängenbereich 630 nm - 640 nm alle durch den Kanal schwimmenden Zellen angeregt. Das emittierte Fluoreszenzlicht wurde im Bereich 650 nm - 690 nm detektiert (Abbildung 6.4 b). Anschließend wurde das Licht eines roten Lasers der Wellenlänge $\lambda = 635$ nm in den Wellenleiter eingekoppelt. Mit dem aus der Endfacette des Wellenleiters austretenden Licht konnten dann genau die den Lichtstrahl passierenden Zellen selektiv zur Fluoreszenz angeregt werden (Abbildung 6.4 c).

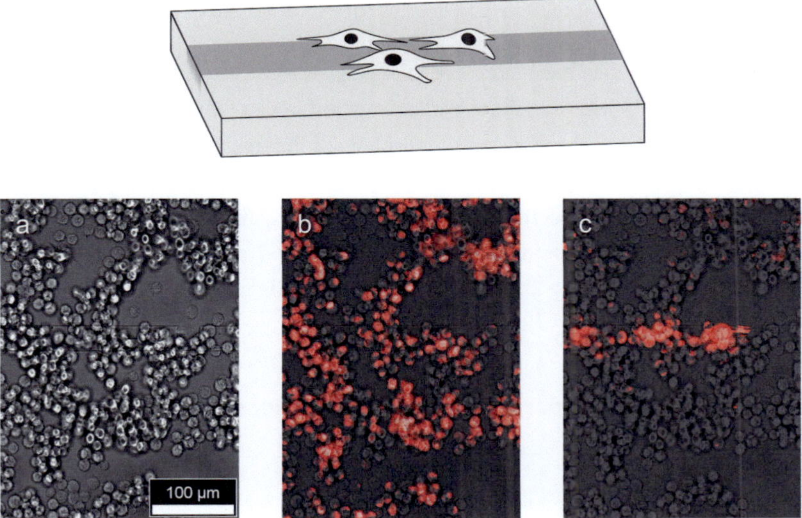

Abb. 6.5: Schematische Darstellung (oben) und Mikroskopaufnahmen (unten) adhärenter gefärbter Zellen auf einem Polymerwellenleiter. Unten links: Hellfeldaufnahme der Zellen und des Wellenleiters. Unten mittig: Fluoreszenzaufnahme bei Anregung unter
Flutlicht durch das Mikroskopobjektiv. Unten rechts: Fluoreszenzaufnahme bei Anregung über das evaneszente Feld des Wellenleiters.

Für die vierte Messung sollten gefärbte Zellen durch das evaneszente Feld der Wellenleitermode eines UV-induzierten Wellenleiters zur Fluoreszenz angeregt werden, wie
in Abbildung 6.5 oben skizziert. Dazu wurden die mit DiD Vybrant gefärbten Maus-
Fibroplasten vor der Fluoreszenzmessung drei Tage lang auf der PMMA-Oberfläche ausgesetzt, um sich dort anzulagern. Die Zellvermehrung auf nahezu die doppelte Zellzahl
innerhalb dieses Anlagerungszeitraums führte zur Schwächung der Zellfärbung, welche
jedoch noch zur Fluoreszenzmessung ausreichte. Zur Fluoreszenzanregung wurden die
angelagerten Zellen dann im gleichen Mikroskop und mit den gleichen Parametern wie
für die im Kanal schwimmenden Zellen flutbelichtet (Abbildung 6.5 b). Danach wurde
rotes Laserlicht ($\lambda = 635\,\text{nm}$) in den Wellenleiter eingekoppelt. Wie für die markierten

Lipide konnten so die auf dem Wellenleiter liegenden gefärbten Zellen selektiv über das evaneszente Feld zur Fluoreszenz angeregt werden (Abbildung 6.5 c).

Im Ergebnis konnte also die Fluoreszenzanregung sowohl von Phosholipiden als auch von lebenden Zellen über integrierte Wellenleiter auf einem Polymerchip realisiert werden, was die Machbarkeit zellbasierter Sensoren auf Polymerbasis demonstriert. Durch die Verwendung von Streifenwellenleitern konnten dabei begrenzte Bereiche von Phospholipiden sowie kleinere Gruppen von Zellen selektiv zur Fluoreszenz angeregt werden. Dies konnte sowohl durch direkte freistrahloptische Anregung über den Wellenleiter als auch durch Anregung über das evaneszente Feld demonstriert werden.

6.2 Charakterisierung der integrierten photonischen Kristallschichten

Nach der Herstellung der photonischen Kristallschichten aus Teflon und PMMA wurden die Transmissionsspektren durch die photonischen Kristallschichten vermessen. Die Messung wurde dabei dem in Abbildung 6.6 gezeigten Schema folgend durchgeführt. Das von einer breitbandigen Quelle emittierte Licht wird in den Schichtwellenleiter eingekoppelt, propagiert entlang des Wellenleiters und erreicht die photonische Kristallschicht. Dort wird es durch die photonische Kristallstruktur transmittiert und propagiert durch den restlichen Schichtwellenleiter bis zur Endfacette des Wellenleiters. Das aus der Endfacette ausgekoppelte Licht wird über eine Faser einem Spektrometer zur Analyse zugeführt.

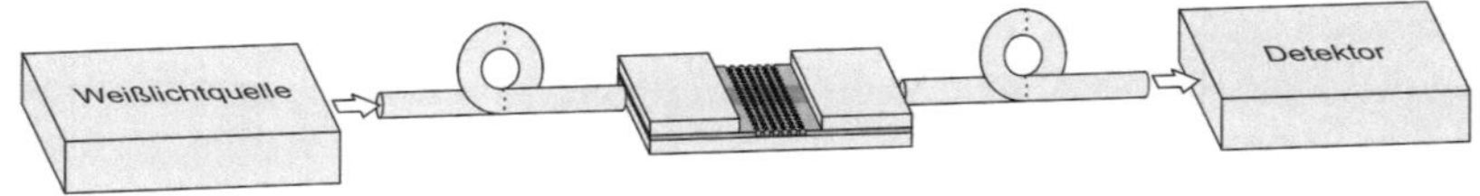

Abb. 6.6: Schematische Darstellung der experimentellen Anordnung zur Messung des Transmissionsspektrums der in Polymerchips integrierten photonischen Kristallschichten.

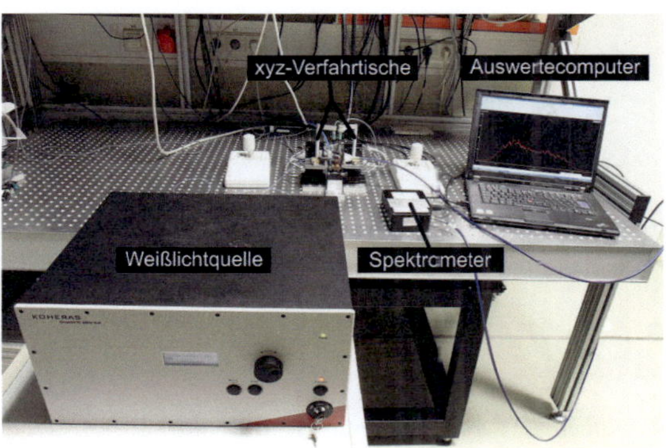

Abb. 6.7: Aufnahme der Anordnung zur Messung des Transmissionsspektrums der in Polymer-chips integrierten photonischen Kristallschichten mit Weißlichtquelle im Vordergrund, Chiphalterung und Verfahrtischen mit Piezoaktoren zur Faserkopplung im Hintergrund und Spektrometer und Auswertecomputer rechts im Bild.

Der experimentelle Aufbau dieser Transmissionsmessung ist in Abbildung 6.7 gezeigt. Als breitbandige Lichtquelle wurde hier eine Superkontinuumsweißlichtquelle (SuperK Versa von Koheras) mit Faserausgang verwendet, die im Vordergrund von Abbildung 6.7 zu sehen ist. Diese emittiert ein kontinuierliches Spektrum im Wellenlängenbereich von 450 nm bis 850 nm. Das emittierte Licht wurde mittels einer fokussierenden Linsen-faser (Tapered Lensed Fiber von Nanonics) in den PMMA-Wellenleiter eingekoppelt. Die Linsenfaser hat einen minimalen Strahldurchmesser von 0,8 µm und wurde auf dem Linken der in Abbildung 6.7 erkennbaren piezogetriebenen Verfahrtische montiert. So konnte mit hoher Genauigkeit in den 380 nm dicken Schichtwellenleiter eingekoppelt werden. Das transmittierte Licht wurde mittels einer auf dem zweiten Verfahrtisch mon-tierten Multimodefaser aufgesammelt und zu einem Spektrometer (HR2000CG-UV-NIR von OceanOptics) geführt. Eine vergrößerte Aufnahme eines Chips zwischen Ein- und Auskoppelfaser während der Transmissionsmessung zeigt Abbildung 6.8.

Der linke Faserhalter fixiert die Linsenfaser zur Einkopplung, während die rechte Mul-timodefaser das transmittierte Licht aufsammelt. Die gezeigte Aufnahme wurde wäh-rend der Transmissionsmessung an einem Schichtwellenleiter mit zusätzlicher lateraler

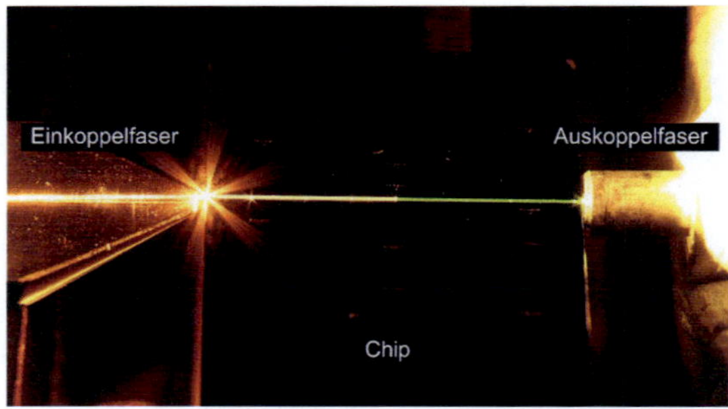

Abb. 6.8: Übersichtsaufnahme der Transmission von breitbandigem Licht durch den photonischen Kristallschichtsensor im Messaufbau. Das Licht propagiert von links nach rechts. Der durch die photonische Kristallschicht verursachte Farbumschlag von gelb nach grün ist gut erkennbar.

Strukturierung und in der Mitte integrierter photonischer Kristallstruktur gemacht. Die laterale Führung des Lichts ist hierbei gut erkennbar. Außerdem ist die bei Transmission durch den photonischen Kristall auftretende Farbänderung des entlang des Wellenleiters propagierenden Lichts von gelblich zu leicht grün erkennbar, welche durch die Unterdrückung der roten Spektralanteile im Transmissionsspektrum des photonischen Kristalls verursacht wird.

Zur Charakterisierung der integrierten photonischen Kristallschicht wurde die Transmission durch eine solche Kristallschicht für Bedeckungen mit Flüssigkeiten verschiedener Brechungsindizes gemessen. Wie in Kapitel 4 erwähnt, wurden dabei keine Strukturen mit Defekt in der photonischen Kristallschicht vermessen. Die photonische Kristallschicht bestand aus 20 Einheitszellen mit 250 nm Gitterkonstante und 110 nm Lochdurchmesser. Das Transmissionsspektrum wurde zunächst ohne Bedeckung gemessen, also unter Luftatmosphäre. Das Spektrum, wie vom Spektrometer gemessen, ist in Abbildung 6.9 gezeigt. Eingehüllt wird das Transmissionsspektrum hierbei vom Emissionsspektrum der Weißlichtquelle, das zwischen 700 nm und 800 nm deutlich abfällt. Das durch die photonische Kristallschicht verursachte Stoppband im Spektrum ist gut erkennbar. Das Stoppband weist eine Halbwertsbreite von etwa 70 nm im Wellenlängenbereich zwischen 600 nm und 670 nm auf.

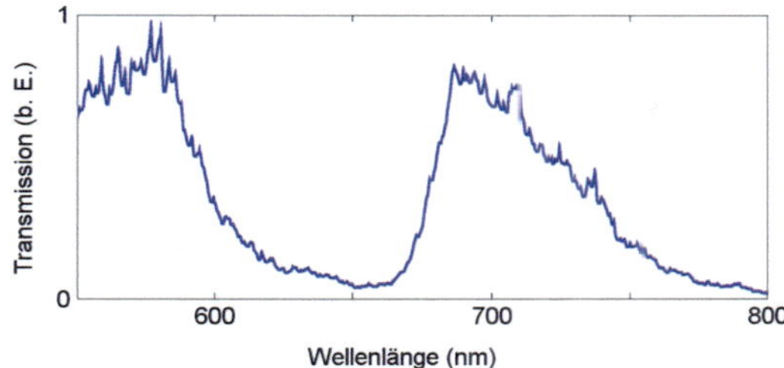

Abb. 6.9: Gemessenes Transmissionsspektrum durch eine quadratische photonische Kristallschicht aus Teflon und PMMA mit Luftbedeckung.

Anschließend wurde die photonische Kristallschicht mit Wasser bedeckt. Wegen des
Aufquellens des PMMA ist es hierbei nach der Wasserbedeckung notwendig, 10 min
zu warten, bis sich das Transmissionsspektrum stabilisiert hat. Die Bandlücke wird dabei zu größeren Wellenlängen verschoben, da der effektive Brechungsindex des zugrunde liegenden Schichtwellenleiters erhöht wird. Das gemessene Transmissionsspektrum,
normiert auf das Emissionsspektrum des Weißlichtlasers, ist in Abbildung 6.10 durch
die rote durchgehende Linie aufgetragen. Das Minimum der gemessenen Bandlücke be-
findet sich hier bei 694 nm. Die gemessene Bandlücke stimmt gut mit der aus der Transmissionsrechnung in Kapitel 4 bestimmten Bandlücke überein (gestrichelte rote Linie
in Abbildung 6.10). Zusätzlich zur spektralen Verschiebung gegenüber Luftbedeckung
wird auch die Breite der Bandlücke auf ungefähr 40 nm reduziert, was auf den reduzierten Brechungsindexkontrast in der photonischen Kristallstruktur zurückgeführt werden
kann. Außerdem kann sich durch Aufquellen des PMMA der Lochdurchmesser in der
photonischen Kristallstruktur verändern, was die Breite der Bandlücke beeinflusst [110].
Die Verringerung der Bandlückenbreite bei Bedeckung der Struktur mit Wasser stimmt
ebenfalls mit den Transmissionsrechungen aus Kapitel 4 überein.

Durch Mischung von Glyzerin ($n = 1,474$) und Wasser ($n = 1,333$) kann der Brechungsindex der den photonischen Kristall bedeckenden Flüssigkeit gezielt verändert werden. Bei Austausch der Flüssigkeiten ist hierbei eine Relaxationszeit von etwa einer
Minute notwendig, bis sich der Brechungsindex in der Flüssigkeitsbedeckung durch

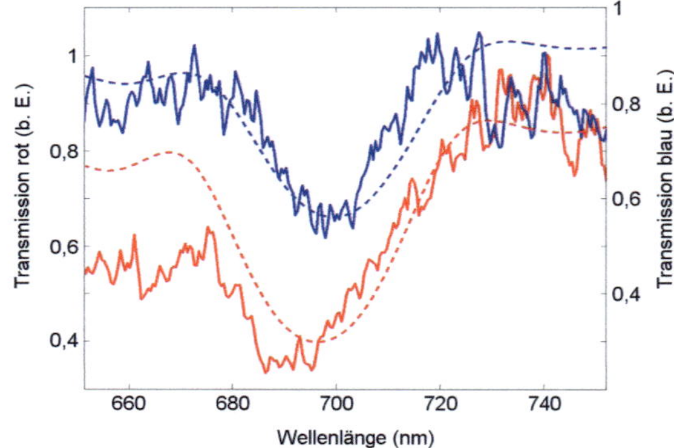

Abb. 6.10: Gemessenes (durchgezogene Linie) und simuliertes (gestrichelte Linie) Transmissionsspektrum durch eine quadratische photonische Kristallschicht aus Teflon und PMMA mit Wasser (rot) und 15-prozentiger Glyzerinlösung (blau) als oberer Mantelschicht.

Diffusionsprozesse homogenisiert und das Transmissionsspektrum stabilisiert hat. Das Transmissionsspektrum für eine Bedeckung aus 15-prozentiger wässriger Glyzerinlösung ($n = 1{,}351$) ist in Abbildung 6.10 durch die blaue durchgehende Linie aufgetragen. Das Spektrum stimmt wiederum gut mit dem berechneten Transmissionsspektrum überein (gestrichelte blaue Linie in Abbildung 6.10). Verglichen mit Wasserbedeckung ist die Bandlücke zu größeren Wellenlängen verschoben, wobei sich die Wellenlänge des Bandlückenminimums von 694 nm auf 698 nm vergrößert.

Zur Messung der Konzentrationsabhängigkeit der Bandlückenverschiebung in wässrigen Glyzerinlösungen wurden Glyzerinkonzentrationen von 0 %, 5 %, 15 % und 50 % Gewichtsanteilen Glyzerin in Wasser verwendet, entsprechend Brechungsindizes von 1,333, 1,339, 1,351 und 1,398. Die hierfür gemessenen Wellenlängen der Bandlückenminima sind in Abbildung 6.11 über dem Brechungsindex aufgetragen. Im Rahmen der Messgenauigkeit ergibt sich ein linearer Zusammenhang zwischen Wellenlänge des Bandlückenminimums und Brechungsindex der Lösung. Die lineare Regressionsgerade ist als durchgehende Linie eingezeichnet. Die spezifische Bandlückenverschiebung

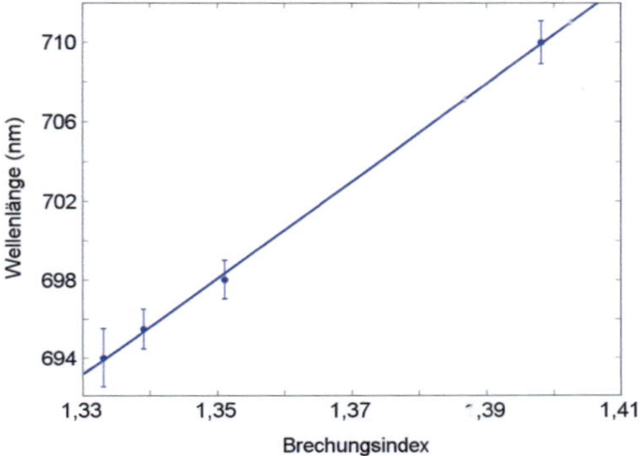

Abb. 6.11: Gemessene Verschiebung des Bandlückenminimums einer photonischen Kristallschicht aus Teflon und PMMA in Abhängigkeit des Brechungsindex des Analyten
für den Fall wässriger Glyzerinlösungen.

beträgt 246 nm/RIU, im Vergleich zu einer berechneten Bandlückenverschiebung von
177 nm/RIU. Diese Abweichung kann durch unterschiedliche Absorptionseigenschaf-
ten von Glyzerin und Wasser im Festkörper PMMA erklärt werden. Die gemessenen
spezifischen Verschiebungen in der Transmission sind vergleichbar mit in der Literatur
vermerkten Sensitivitäten [111]. Die hergestellten Strukturen sind damit zum Einsatz in
integrierten Biosensoren nützlich.

6.3 Charakterisierung der Mikrodisks

Nach der Herstellung der integrierten Anordnung aus Mikrodisk und Streifenwellenleiter wurden diese in einem ähnlichen Aufbau wie die integrierte photonische Kristallschicht vermessen. Als Lichtquelle wurde hierbei ein von 1280 nm bis 1380 nm durch-
stimmbarer Laser anstatt eines Weißlichtlasers [112] und als Detektor eine Photodiode
anstatt des Spektrometers verwendet.

Die Justierung von Einkoppelfaser und Streifenwellenleiter vor der Messung wurde mit einem sichtbaren grünen Laser durchgeführt. Wird das grüne Licht in den Streifenwellenleiter eingekoppelt, so kann ein deutliches Überkoppeln des im Streifenwellenleiter geführten Lichts in die Mikrodisk festgestellt werden, wie in der Mikroskopaufnahme in Abbildung 6.12 erkennbar ist.

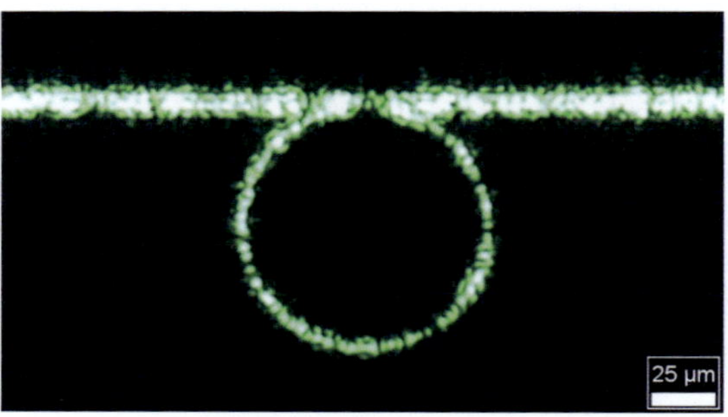

Abb. 6.12: Aufsicht einer Anordnung aus Mikrodisk und Streifenwellenleiter mit 40 µm Diskradius und 340 nm Koppelabstand während der Einkopplung grünen Lichtes ($\lambda =$ 532 nm) in den Wellenleiter.

Dies zeigt, dass die Moden des Streifenwellenleiters an die Moden der Mikrodisk ankoppeln, wie die Ergebnisse der Auslegungsberechnungen in Abschnitt 4.3 erwarten lassen (Abbildung 4.10).

In der nachfolgenden Transmissionsmessung im infraroten Spektralbereich konnten jedoch für keinen der hergestellten Mikrodisksensoren Resonanzen im Spektrum nachgewiesen werden. Für toroidale Resonatoren aus PMMA dagegen, die geringe Oberflächenrauhigkeit aufweisen, konnten mit demselben Aufbau Resonanzen im Transmissionsspektrum gemessen werden [113].

Da die Kopplung zwischen Wellenleiter und Mikrodisk gewährleistet ist, deutet dieses Ergebnis auf verglichen mit der Kopplungsstärke zu hohe intrinsische Verluste in der Mikrodisk hin. Diese könnten fertigungsbedingt zum Beispiel durch eine zu dünne untere Mantelschicht, Risse und andere Streuzentren in Teflon oder PMMA oder auch Oberflächendefekte oder Oberflächenrauhigkeiten (vergleiche beispielsweise Abbildung 5.18) verursacht werden. Bei Reduktion dieser intrinsischen Verluste ist für die Mikrodisk das Auftreten von Resonanzen im Transmissionsspektrum zu erwarten. Hier ist es also noch notwendig, die Herstellungsprozesse hinsichtlich höherer Struktur- und Oberflächenqualität weiterzuentwickeln. Auch können andere Materialen als Teflon für die untere Mantelschicht in Betracht gezogen werden, um den aufgrund der geringen Oberflächenhaftung auf Teflon schwierigen Herstellungsprozess zu vereinfachen.

Erfolgreiche Transmissionsmessungen an Streifenwellenleitern mit angekoppelten Mikrodisks wurden in der Literatur für Systeme auf Halbleiterbasis [19, 114] sowie für Polymerdisks auf einem Siliziumdioxidmantel [115] demonstriert.

7 Numerische Optimierung photonischer Kristallschichtkavitäten

Für die dimensionierte photonische Kristallschicht auf Polymerbasis wurde im Rahmen des vorgestellten Sensorkonzeptes die durch Änderung des Brechungsindex eines Analyten verursachte Stoppbandverschiebung im Transmissionsspektrum gemessen. Wie in Abschnitt 4.2.2 rechnerisch gezeigt wurde, ist für diese Strukturen auf Polymerbasis aufgrund des geringen Brechungsindexkontrastes keine defektbedingte Resonanzspitze im Stoppband des Transmissionsspektrums zu erwarten, wenn ein wässriger Analyt verwendet wird.

Da aber bekannt ist, dass in Materialien mit größeren Brechungsindexkontrasten, beispielsweise auf der Basis von Silizium, Resonanzspitzen im Transmissionsspektrum detektiert werden können, ist es dennoch sinnvoll, das entwickelte Sensorkonzept auf der Basis von Defekten in photonischen Kristallschichten für solche Materialien weiter zu verfolgen.

Verschiedene Defektgeometrien führen bei diesem Ansatz im Allgemeinen zu verschiedenen Güten der Defektmoden. Die Optimierung der Defektgeometrien ist daher ein wesentlicher Bestandteil für die Auslegung von integrierten Sensorsystemen, deren Messprinzip auf der spektralen Verschiebung einer möglichst scharfen Resonanz basiert. Im Allgemeinen ist die Geometrieoptimierung der Defektstrukturen aufgrund der Vielzahl der möglichen Strukturgeometrien ein komplexes Problem. Die Problemstellung selbst hängt jedoch oft nur von wenigen durch die Sensoranwendung gegebenen Parametern ab. Neben der grundlegenden Untersuchung von Defektgeometrien ist es also sinnvoll, anwendungsorientierten Entwicklern ein benutzerfreundliches Werkzeug zur Verfügung zu stellen, welches die Optimierung von Defektstrukturen auf Basis der anwendungsspezifischen Parameter ohne detaillierte Auseinandersetzung mit der tieferliegenden Optimierungstheorie ermöglicht.

Dieses Kapitel beschäftigt sich mit der Optimierung der Defektgeometrie einer Kavität innerhalb einer photonischen Kristallschicht. Ziel ist dabei die Realisierung eines maximalen Gütefaktors unter der Berücksichtigung prozesstechnischer Randbedingungen. Im ersten Abschnitt wird das der Optimierung der Defektgeometrie zugrunde liegende Prinzip der Minimierung vertikal abstrahlender Fourierkomponenten einer Defektmode erklärt. Der zweite Abschnitt behandelt den zur Optimierung entwickelten genetischen Algorithmus im Detail. Hierbei wird insbesondere die genetische Darstellung der Defektgeometrien, die Korrektur genetischer Inkompatibilitäten bei Rekombination sowie die Umsetzung der prozesstechnischen Randbedingungen behandelt. Im dritten Abschnitt wird die simulierte Abkühlung als zweiter verwendeter Algorithmentyp kurz eingeführt sowie deren Anwendung auf die Klasse der Liniendefekte mit Gaußscher Lochverteilung diskutiert. Die Automatisierung der Optimierung auf der Basis der zuvor behandelten Algorithmen mittels eines Matlab-Programms wird im vierten Abschnitt beschrieben. Hierbei stand die Bedienbarkeit der Anwendung durch graphische Benutzeroberflächen im Vordergrund. Im letzten Abschnitt werden schließlich die aus der Optimierung resultierenden Defektgeometrien dargestellt und diskutiert. Die Anwendung des genetischen Algorithmus führt hierbei zu einer in der Literatur bislang nicht beschriebenen Liniendefektstruktur, deren Güte die bekannter Liniendefekte deutlich übersteigt.

7.1 Optimierungsprinzip

Eine Kavität innerhalb einer photonischen Kristallschicht besteht aus einem Defekt in der Kristallstruktur. Dieser Defekt kann die verschiedensten geometrischen Ausprägungen haben, welche zu unterschiedlichen Abstrahlcharakteristiken der zugehörigen Defektmoden führen. Die Abstrahlung der Defektmode kann dabei prinzipiell in der Ebene der Kristallschicht sowie in die die Kristallschicht nach oben und unten begrenzenden Mantelschichten erfolgen. Mit der Verlustleistung in der Ebene $P_{\parallel}$ und in die Mantelschichten $P_{\perp}$ lassen sich analog zu [2.46] die zugehörigen Gütefaktoren $Q_{\parallel}$ und $Q_{\perp}$ definieren, die mit dem Gesamtgütefaktor Q der Kavität über

$$\frac{1}{Q} = \frac{1}{Q_{||}} + \frac{1}{Q_\perp} \qquad [7.1]$$

zusammenhängen [116, 117]. Bei beliebig großer Güte einer der beiden Teilfaktoren ist der Gesamtgütefaktor also durch den jeweils anderen Teilfaktor begrenzt. Physikalisch begrenzender Faktor für Kavitäten in photonischen Kristallschichten ist dabei meist $Q_\perp$. Der Gütefaktor $Q_{||}$ kann durch Erhöhung der Anzahl der den Strukturdefekt umgebenden Einheitszellen im photonischen Kristall bei Abwesenheit von Dämpfung beliebig erhöht werden, was für $Q_\perp$ nicht möglich ist. Bei konstanter Anzahl der den Defekt umgebenden Einheitszellen kann $Q_{||}$ durch geschickte Verteilung der Lochradien und Lochabstände zwar auch maximiert werden, die hier erzielten Verbesserungen sind allerdings für ein meist um Größenordungen niedrigeres $Q_\perp$ nutzlos. Daher konzentrieren sich die folgenden Ausführungen auf die Optimierung von $Q_\perp$. Die lateralen Abmessungen des photonischen Kristalls werden dabei derart vorgegeben, dass der Gesamtgütefaktor Q nicht durch $Q_{||}$, sondern durch $Q_\perp$ begrenzt wird.

Die Optimierung des Gütefaktors folgt einer grundsätzlichen Überlegung, nach der die Abstrahlung $P_\perp$ der Defektmode einer photonischen Kristallschichtkavität in die Mantelschichten über die Fouriertransformierte der Feldverteilung der Mode in der Ebene der Kristallschicht abgeschätzt werden kann [117–119]. Hierbei ist $P_\perp$ umso kleiner, je kleiner die Fourierkomponenten der Defektmode innerhalb des Lichtkegels der Mantelschichten bei der Defektfrequenz sind. Zur heuristischen Erklärung dieses Zusammenhangs kann man auf Abbildung 2.5 zur Einführung photonischer Kristallschichten zurückgreifen. Hier ist der Lichtkegel des Mantels, also die Punkte im Phasenraum, für die

$$\frac{\omega}{|k|} > c_2 \qquad [7.2]$$

gilt, grau schraffiert. Dabei bezeichnet c_2 die Lichtgeschwindigkeit im Mantel mit dem höchsten Brechungsindex n_2. Auch sind alle Blochzustände innerhalb des Lichtkegels nicht eingezeichnet, da diese an die Strahlungsmoden des Mantels ankoppeln und daher nicht in der Schicht geführt sind. Gibt es einen Defekt in der photonischen Kristallschicht, so ist die zugehörige Defektmode aufgrund der Brechung der Translationssymmetrie keine Blochmode mehr, die sich als Punkt (ω_D, k_D) in das Banddiagramm eintragen lässt. Vielmehr stellt sich die Defektmode im Banddiagramm als Verteilung $(\omega_D, F(k))$ dar. In Abbildung 7.1 ist der charakteristische Verlauf einer solchen Verteilung entlang der k_x-Richtung in die Bandstruktur einer photonischen Kristallschicht schematisch eingezeichnet. Die Verteilung erstreckt sich in das grau schraffierte Gebiet

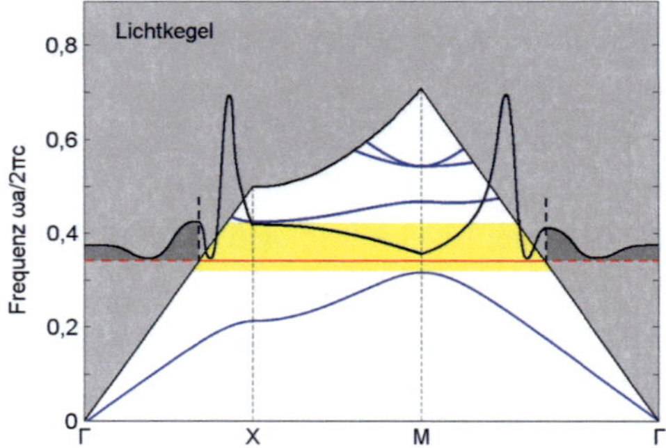

Abb. 7.1: Schematische Darstellung der Bandstruktur einer photonischen Kristallschicht mit Bandlücke (gelb) und darin liegendem Defektband (rot). Der typische Verlauf der Fouriertransformierten der elektromagnetischen Feldverteilung eines Defektes ist schwarz auf Höhe des Defektbandes eingezeichnet. Die dunkelgrau schraffierten Anteile der Fouriertransformierten innerhalb des Lichtkegels geben ein Maß für die vertikale Abstrahlung der Defektmode.

des Lichtkegels, was bedeutet, dass die Defektmode Anteile, die an das Strahlungsfeld der Mantelschichten ankoppeln, enthält. Die im Lichtkegel liegenden Fourierkomponenten tragen also zu der Abstrahlung $P_\perp$ in die Mantelschichten bei, während die außerhalb liegenden Komponenten in der Kernschicht eingeschlossen sind.

Die Idee der hier durchgeführten Optimierungsstrategie ist es, durch Veränderung der geometrischen Ausprägung des Defektes, wie beispielsweise der Lochradienverteilung oder der Abstände der Löcher zueinander, die Eigenmode so zu gestalten, dass deren Fouriertransformierte innerhalb des Lichtkegels möglichst kleine Werte annimmt [118]. Hierbei soll nur die Fouriertransformierte in der Schichtebene verwendet werden, für deren Bestimmung ebenfalls nur die Feldverteilung der Eigenmode in der Ebene notwendig ist. Diese kann mit Hilfe des effektiven Brechungsindex des zugrunde liegenden dielektrischen Schichtwellenleiters wie bei der Berechnung der Bandstruktur einer photonischen Kristallschicht mittels einer zweidimensionalen Rechnung bestimmt werden. So kann das gesamte Optimierungsproblem des Gütefaktors, welches ursprünglich ein dreidimensionales Problem ist, auf ein zweidimensionales Optimierungsproblem der Fourierkomponenten innerhalb des Lichtkegels reduziert werden. Da die mittels des effektiven Brechungsindex berechnete zweidimensionale Defektmode nicht exakt der Eigenmode des Defektes in der Ebene entspricht, handelt es sich um ein approximatives Optimierungsverfahren. Die Gütefaktoren der zu den gewonnenen Defektgeometrien gehörenden Eigenmoden können jedoch nach dem Optimierungsverfahren durch separate Rechnungen bestimmt und mit den Gütefaktoren zuvor untersuchter Defektgeometrien verglichen werden. So wird die Optimierung der Defektgeometrie einer photonischen Kristallschichtkavität auf handelsüblichen Computern möglich und erfordert einen geringeren Rechenaufwand.

Für den betrachteten Fall einer zweidimensionalen photonischen Kristallschicht mit quadratischer Gitterstruktur werden im Rahmen dieser Arbeit ausschließlich Liniendefekte behandelt. Die Translationssymmetrie ist dabei nur in einer Raumrichtung gebrochen. Dementsprechend findet die Auswertung der Fouriertransformierten hier also nur in einer Dimension statt. Die vorgestellten Verfahren lassen sich jedoch leicht auf zwei Dimensionen und damit auch auf Punktdefekte verallgemeinern.

Der betrachtete photonische Kristall sei also in y-Richtung periodisch und in z-Richtung aus endlich vielen Einheitszellen zusammengesetzt. Der Liniendefekt soll ebenfalls in z-Richtung verlaufen, wie es schon bei den für die Transmissionsrechnungen verwendeten Strukturen der Fall war. Zwei mögliche Geometrien für einen Liniendefekt mit den Fouriertransformierten der zugehörigen Eigenmoden sind exemplarisch in Abbildung 7.2 gezeigt. Durch Änderung der Lochradien sowie Lochabstände in der Liniendefektstruktur kann die Fouriertransformierte der Defektmode so verändert werden, dass die im gelb dargestellten Lichtkegel liegenden Komponenten kleiner werden. Die zu minimalen Fourierkomponenten korrespondierende Geometrie hat dann nach dem oben erklärten Prinzip den maximalen Gütefaktor $Q_\perp$.

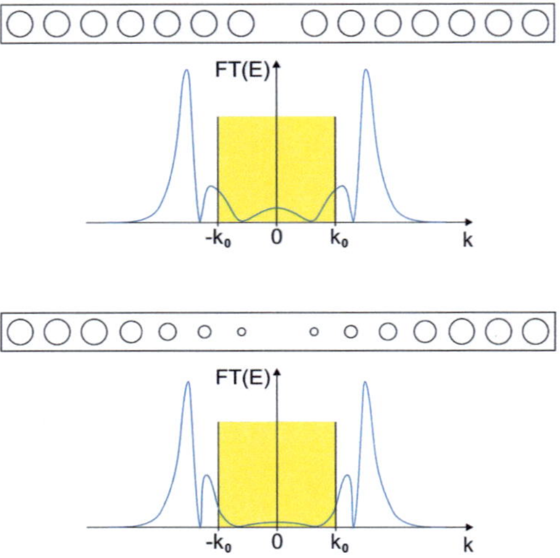

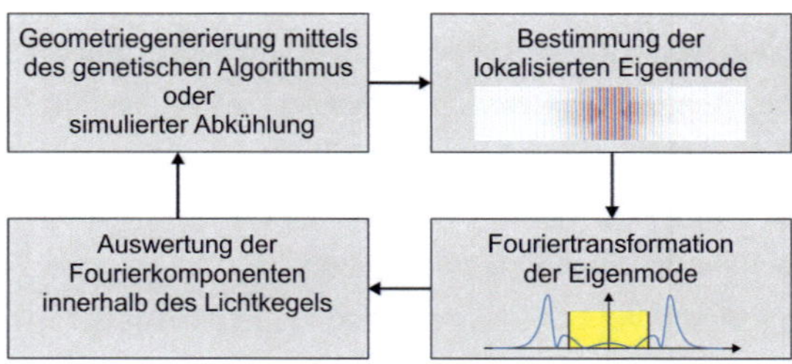

Abb. 7.2: Schematische Darstellung der Veränderung der Fouriertransformierten der Eigenmode eines Liniendefektes in einer quadratischen photonischen Kristallschicht. Durch Veränderung der Lochradien und -abstände können die innerhalb des gelb dargestellten Lichtkegels liegenden Fourierkomponenten der Defektmode reduziert werden.

Abb. 7.3: Iterationsprinzip zur Optimierung des Gütefaktors einer photonischen Kristallschichtkavität.

Zur Umsetzung der Optimierung in ein automatisiertes Computerprogramm ist es notwendig, die Geometrie des Defektes ausgehend von einer Grundgeometrie nach bestimmten Regeln zu modifizieren, die Fouriertransformierte auszuwerten und sich so iterativ der optimalen Geometrie anzunähern [120], wie in Abbildung 7.3 dargestellt. Zur Generierung einer neuen Geometrie aus einer bestehenden wurden im Rahmen dieser Arbeit zwei verschiedene Algorithmen verwendet, ein genetischer Algorithmus (GA) und die simulierte Abkühlung (SA) [121–124].

7.2 Genetischer Algorithmus

Genetische Algorithmen gehören zum Typ der evolutionären Algorithmen. In Analogie zur biologischen Evolution wird hierbei die Entwicklung einer Population von Individuen, hier Defektstrukturen, betrachtet. Darüber hinaus wird eine Fitnessfunktion definiert, die von den Eigenschaften oder Genen der Individuen, hier die Lochradien oder Lochabstände der Struktur, abhängt. Durch genetische Operationen wie Rekombination, Mutation und Selektion wird die Population dann fortschreitend so verändert, dass die Fitnessfunktion maximal wird.

In Anwendung auf die Optimierung des Gütefaktors einer photonischen Kristallschichtkavität wird das Optimierungsproblem in den Kontext eines genetischen Algorithmus [125] übersetzt, siehe auch Abbildung 7.5:

- Die Gesamtheit aller zugelassenen geometrischen Ausprägungen eines Defektes in einer photonischen Kristallschicht ist hierbei das so genannte Phenom. Die Darstellung dieser Gesamtheit in Vektorform, also der Raum oder die Mannigfaltigkeit, auf der die Optimierung dann stattfindet, wird als Genom bezeichnet.

- Ein Kandidat einer zugelassenen Defektgeometrie heißt Phenotyp und ein Repräsentant eines Genoms heißt Genotyp.

- Die einzelnen Vektorkomponenten eines Genotyps heißen Gene, welche zu größeren Untereinheiten des Genoms, den Chromosomen, zusammengefasst sein können. Im Fall der photonischen Kristallschichtkavität ist beispielsweise der Lochradius eines bestimmten Lochs ein Gen, während Lochradius und Verschiebung dieses Lochs zu einem Chromosom zusammengefasst werden können.

- Die Fitness ist im Fall der photonischen Kristallschichtkavität gerade der Kehrwert des Integrals der Fouriertransformierten der Defektmode innerhalb des Lichtkegels. Letzteres hängt direkt vom Genotyp ab und soll maximiert werden, wodurch auch die in den Mantel abstrahlenden Fourierkomponenten der Defektmode minimiert werden.

Abbildung 7.4 zeigt den grundlegenden iterativen Ablauf eines genetischen Algorithmus [125]. Auf der Basis dieses Ablaufs wird der genetische Algorithmus an das Problem der photonischen Kristallschichtkavitäten angepasst. Die Evolution innerhalb eines genetischen Algorithmus beginnt im Allgemeinen mit der Bildung einer zufällig gewählten Anfangspopulation von Individuen. Diese Individuen, welche die Phenotypen eines Phenoms darstellen, werden in die Genotypen eines Genoms übersetzt. Aus dieser Population werden dann durch Auswerten der Fitness jedes Genotyps diejenigen Genotypen selektiert, welche sich durch Rekombination, Mutation und Klonen reproduzieren und eine neue Generation von Genotypen bilden [126]. Dies wird so lange wiederholt, bis ein bestimmtes Abbruchkriterium wie das Erreichen einer bestimmten Generation oder die Konvergenz der Fitness erreicht ist.

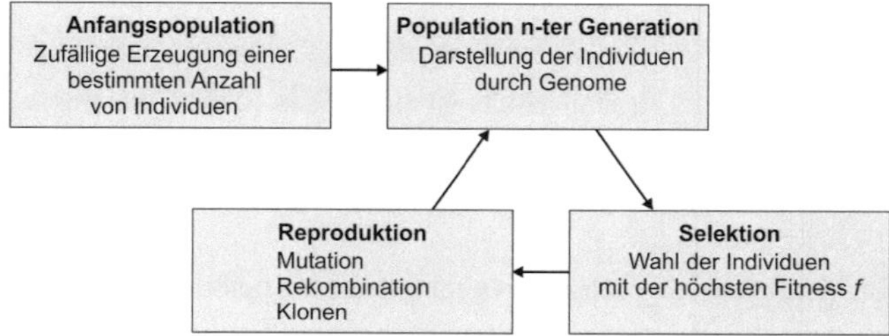

Abb. 7.4: Schematische Darstellung eines genetischen Algorithmus.

Zur Umsetzung eines konkreten Problems in einen genetischen Algorithmus sind also die genetische Darstellung des Optimierungsraumes, die Operationen zur Reproduktion und eine Fitnessfunktion zur Bewertung des Genoms notwendig. Diese drei Bestandteile werden im Folgenden für den vorliegenden Fall der Geometrie photonischer Kristallschichtdefekte beschrieben.

7.2.1 Genetische Darstellung der Defektgeometrie

Für die Optimierung der photonischen Kristallschichtkavitäten muss eine genetische Darstellung der Gesamtheit aller berücksichtigten Defektgeometrien gefunden werden. Da hier Liniendefekte in einer quadratischen photonischen Kristallstruktur betrachtet werden, sind die möglichen Variationen der Defektgeometrie durch die Variation der Lochanzahl, der Lochradien und der Abstände der Löcher zueinander gegeben. Diese Größen, zusammen in Vektorform aufgeschrieben, bilden dann das Genom. Die Zahl der Variationsmöglichkeiten und damit die Zahl der Gene im Genom hängen vom gewünschten Komplexitätsgrad der Optimierung ab. Für den Fall der Gesamtheit aller Liniendefekte, bei denen Radius r und Verschiebung sh der innersten Lochreihen sowie Radius r_N und Anzahl N der restlichen Lochreihen variiert werden können, ist das Genom durch

$$g = \left[\begin{pmatrix} r \\ sh \end{pmatrix} \begin{pmatrix} N \\ r_N \end{pmatrix} \right] \qquad [7.3]$$

gegeben. Das Genom besteht aus den vier Genen r, sh, N und r_N, die in zwei Chromosomen gruppiert sind. Das zu dieser Gesamtheit der Liniendefekte gehörende Genom, die Genotypen, das Phenom und die Phenotypen sind in Abbildung 7.5 dargestellt. Wie hier verdeutlicht ist, stellt der Genotyp einen Repräsentanten des Genoms dar, welcher durch die Genotyp-Phenotyp-Abbildung [127] bijektiv auf einen Phenotyp abgebildet wird. Dieser Phenotyp ist wieder ein Repräsentant des Phenoms, welches aus der Gesamtheit aller Phenotypen gebildet wird. Im gezeigten Beispiel ist nur Radius und Abstand der blau dargestellten innersten Lochreihe frei wählbar, die restlichen rot dargestellten

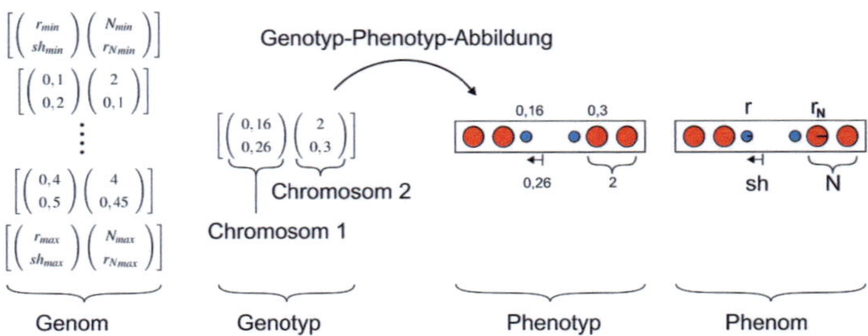

Abb. 7.5: Darstellung der Genotyp-Phenotyp-Abbildung für einen Liniendefekt unter der Berücksichtigung von vier Genen.

Lochreihen haben alle den gleichen Radius und den gleichen Abstand zueinander. Dies ist ein kleiner Lösungsraum für das Optimierungsproblem. Durch Erhöhung der Freiheitsgrade kann der Lösungsraum vergrößert werden. So können noch weitere variable Lochreihen hinzugefügt werden, die Anzahl M der fehlenden Lochreihen in der Mitte sowie die Defektbreite kann um sd erhöht werden. Für n variable Lochreihen hat das Genom dann folgende Form:

$$g = \left[\begin{pmatrix} r_1 \\ sh_1 \end{pmatrix} \begin{pmatrix} r_2 \\ sh_2 \end{pmatrix} \cdots \begin{pmatrix} r_n \\ sh_n \end{pmatrix} \begin{pmatrix} N \\ r_N \end{pmatrix} \begin{pmatrix} M \\ sd \end{pmatrix} \right]. \qquad [7.4]$$

Für den Fall einer zweidimensionalen Defektstruktur im photonischen Kristall ist ein Phenom in Abbildung 7.6 gezeigt. Das Genom wird hier wie im eindimensionalen Fall erzeugt, es ist jedoch aus wesentlich mehr Genen zusammengesetzt. Wie oben erwähnt wurde der Fall einer zweidimensionalen Defektstruktur im Rahmen dieser Arbeit nicht in einen Algorithmus umgesetzt, die Implementation ist jedoch analog zum eindimensionalen Fall.

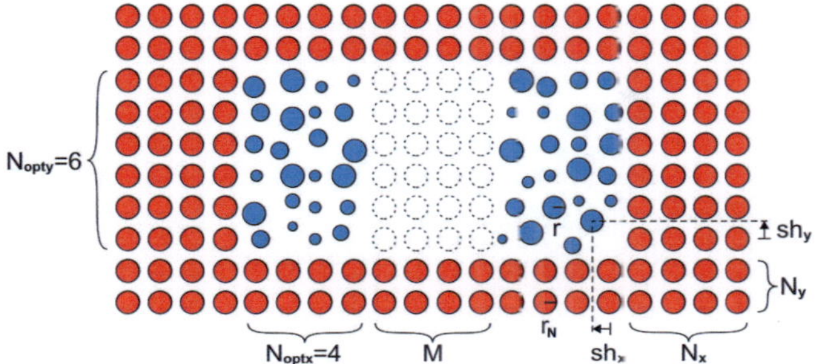

Abb. 7.6: Darstellung eines zweidimensionalen Phenoms für einen Punktdefekt in einer quadratischen photonischen Kristallschicht.

7.2.2 Genetische Operationen zur Reproduktion

Nachdem die Erzeugung des Genoms aus dem Phenom einer Gesamtheit von Liniendefekten in einer photonischen Kristallschicht realisiert wurde, müssen nun die Operationen zur Erschaffung und Reproduktion der Genotypen innerhalb einer Population umgesetzt werden. Die Erschaffung findet dabei nur einmal am Anfang des Algorithmus statt und erzeugt in zufälliger Weise die Anfangspopulation für den genetischen Algorithmus. Die Regeln zur Erschaffung der Anfangspopulation unter der Einhaltung vorgegebener Randbedingungen entsprechen denen der Mutationsoperation und werden zusammen mit dieser erklärt. Die Operationen zur Reproduktion umfassen Rekombination, Mutation und Klonen:

Rekombination

Zur Rekombination werden zwei Genotypen der Population gewählt, welche zu einem zur nächsten Generation gehörenden Genotyp kombiniert werden. Die Elternteile werden dabei aus den N_g zur Verfügung stehenden Genotypen zufällig nach einer mit der Fitness f_k des jeweiligen Genotypen gewichteten Wahrscheinlichkeit

$$P_k = \frac{f_k}{\sum_{i=1}^{N_g} f_i} \qquad [7.5]$$

gewählt [126]. Um Klone zu vermeiden, müssen die Elternteile dabei unterschiedlichen Individuen entsprechen. Die gewählten Elternteile g_1 und g_2 werden dann durch eine zufällige Kombination der N_c Chromosomen kombiniert, so dass ein neuer Genotyp g_{Kind} entsteht. Dazu wird jede Chromosomposition (vergleiche Abbildung 7.5) im Genotyp des Kindes einmal gewählt und mit gleicher Wahrscheinlichkeit mit dem entsprechenden Chromosom des ersten oder des zweiten Elternteiles besetzt. Der generierte Genotyp ist also gegeben durch

$$g_{\text{Kind}} = \bigcup_{i=1}^{N_c} c_{\text{Elternwahl}}(i), \qquad [7.6]$$

mit

$$c_{\text{Elternwahl}}(i) = \begin{cases} c_{\text{Elternteil 1}}(i) & \text{für} \quad U[0,1] < 0{,}5, \\ c_{\text{Elternteil 2}}(i) & \text{für} \quad U[0,1] > 0{,}5, \end{cases} \qquad [7.7]$$

wobei $c_{\text{Elternwahl}}(i)$ das i - te Chromosom des Genotypen Elternwahl und $U[0,1]$ eine gleichverteilte Zufallsgröße auf dem Intervall $[0,1]$ darstellt [126].

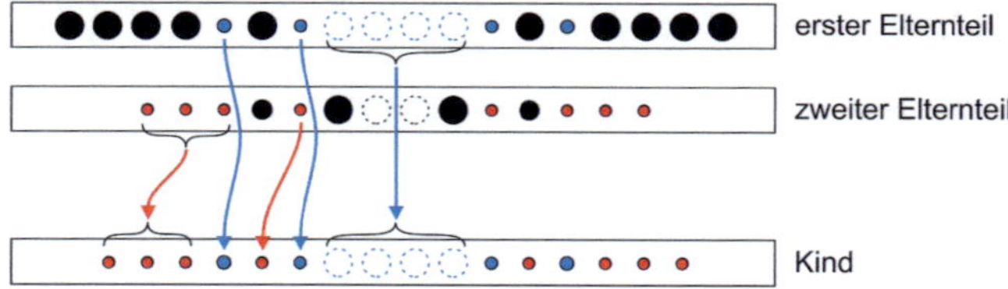

Abb. 7.7: Beispielhafte Darstellung eines Rekombinationsprozesses.

Der Rekombinationsprozess ist beispielhaft in Abbildung 7.7 gezeigt. Man erkennt, dass der generierte Genotyp in diesem Fall das erste und dritte Chromosom sowie das Gen für die Anzahl der fehlenden Löcher vom ersten Elternteil und das zweite Chromosom sowie das Chromosom für alle restlichen Löcher vom zweiten Elternteil übernimmt. Die Chromosomen sind dabei von innen nach außen nummeriert, beginnend mit dem innersten Loch, wie in Gleichung 7.3.

Bei der Rekombination zweier Genotypen kann es vorkommen, dass der generierte Genotyp keinem erlaubten Phenotyp und damit keiner realisierbaren Defektstruktur entspricht. Dies ist genau dann der Fall, wenn sich in der generierten Struktur zwei Löcher überlappen oder die Löcher zu nahe beisammen liegen. In beiden Fällen ist die Struktur aus fertigungstechnischen Gründen nicht herstellbar. Abbildung 7.8 erklärt diese Problematik bei der Rekombinationsoperation anhand eines Beispiels. Die Phenotypen der beiden Elternteile sind hier schematisch in den oberen beiden Strukturen dargestellt. Die

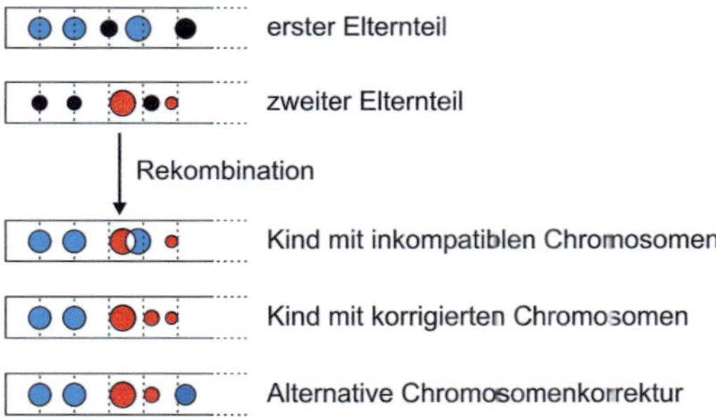

Abb. 7.8: Exemplarische Darstellung des Falls inkompatibler Chromosomen für einen Rekombinationsprozess. Durch Chromosomenkorrektur beim Kind können die vorgegebenen Randbedingungen dennoch realisiert werden.

Löcher, welche den zur Vererbung gewählten Chromosomen entsprechen, sind hierbei für den ersten Elternteil blau, für den zweiten Elternteil rot eingefärbt. Wird nun das Kind aus den gewählten Chromosomen generiert, so ergibt sich im entsprechenden Phenotyp ein Überlapp zweier Löcher. Dies stellt einen nicht akzeptablen Phenotypen dar, da die Struktur herstellungstechnische Bedingungen verletzt. Der generierte Genotyp ist also ebenfalls nicht akzeptabel und muss verworfen werden. Zur Generierung eines akzeptablen Genotypen wird dann dasjenige der inkompatiblen Chromosomen getauscht, welches an höherer Position liegt. Im vorliegenden Beispiel also das vierte, da das dritte und vierte Chromosom inkompatibel sind. Die Chromosomen an den darauffolgenden Positionen werden zufällig vom ersten oder zweiten Elternteil genommen, wie durch die oben gegebene Rekombinationsregel [7.6] beschrieben, jedoch immer so, dass keine inkompatible Situation entsteht.

Mutation

Mutation ist bei der Evolution einer Population nötig, um bei den Genotypen der Population nicht vorkommende Genwerte, die aber für die Annäherung an den fittesten Genotypen im Allgemeinen zugelassen werden müssen, zu generieren. Gäbe es beispielsweise in einer aus zwei Genotypen bestehenden Population für ein bestimmtes Gen die Werte 0 und 1, dessen Optimum im Sinne der Fitness aber bei 0,5 läge, so könnte der optimale Wert nie nur durch Rekombination der beiden Genotypen erreicht werden. Die Mutation soll also beim Übergang von einer Generation zur nächsten die Gene bestimmter Genotypen der Population zufällig verändern. Für den hier implementierten Algorithmus wird eine Gaußsche Mutation des gewählten Genotyps g_{Mut} verwendet. Dazu wird für jedes Chromosom $c(i)$ des gewählten Genotypen g_{Mut} eine Zufallsvariable $N\left(c(i), \sigma^2\right)$, die einer Gaußschen Normalverteilung mit dem Mittelwert $c(i)$ und der die Stärke der Mutation beschreibende Standardabweichung σ entnommen wird, eingesetzt [126]:

$$g_{\mathrm{Mut}} = \bigcup_{i=1}^{N_c} c_{\mathrm{Mut}}(i) \quad \text{mit} \quad c_{\mathrm{Mut}}(i) = N\left(c(i), \sigma^2\right). \qquad [7.8]$$

Der zu mutierende Genotyp g_{Mut} wird hierbei zufällig aus der Population ausgewählt. Beim Übergang von einer zur nächsten Generation können auch mehrere Genotypen mutiert werden. Die Anzahl der zu mutierenden Genotypen kann hier für den Algorithmus als Parameter gewählt werden.

Für die beschriebene Operation der Mutation müssen nun wie für die Rekombinationsoperation noch Regeln für die Erzeugung der Strukturgeometrien unter Beachtung der vorgegebenen herstellungstechnischen Randbedingungen festgelegt werden. Diese Regeln gelten, abgesehen von der Mutation, auch für die Erschaffung der Anfangspopulation. Die Regeln werden hierbei für Liniendefektstrukturen in quadratischen photonischen Kristallschichten aufgestellt, können aber nach einem ähnlichen Schema auch für andere Defekttypen definiert werden.

Jeder der im Genom möglichen Parameter r, sh, N, r_N, M und sd hat eine Ober- und Untergrenze, zwischen denen optimiert werden soll. Diese werden durch die Indizes min und max gekennzeichnet, wie in Abbildung 7.5 skizziert. Außerdem gibt es die Parameter gap_z und n, die den herstellungstechnisch realisierbaren Minimalabstand zwischen zwei Löchern sowie die Anzahl der frei variierbaren Lochreihen in der Mitte des Liniendefektes festlegen. Die Umsetzung der Erschaffung oder Mutation geschieht für die Lochradien und Lochverschiebungen r und sh in sieben Schritten (a) - (g), wobei die Löcher von innen nach außen erschaffen oder modifiziert werden. Die Koordinaten sind dabei relativ zum aktuell betrachteten Loch gegeben:

(a) Festlegung des Variationsgebietes

Das Variationsgebiet umfasst den Bereich, in dem das aktuelle Loch platziert werden kann, siehe Abbildung 7.9. Wir führen dazu eine statische Fabrikationsgrenze $lfab$ und eine dynamische Fabrikationsgrenze lcr ein. Die statischen Fabrikationsgrenzen sind durch sh_{min}, sh_{max} und r_{max} festgelegt:

$$lfab_{min} = sh_{min} - r_{max}, \qquad [7.9]$$

$$lfab_{max} = sh_{max} + r_{max}. \qquad [7.10]$$

Die dynamischen Fabrikationsgrenzen hängen hingegen von der Lage der benachbarten Löcher ab und sind gegeben durch

$$lcr_{min} = -a + sh_a + r_a + gap_z, \qquad [7.11]$$

$$lcr_{max} = a + sh_b - r_b - gap_z, \qquad [7.12]$$

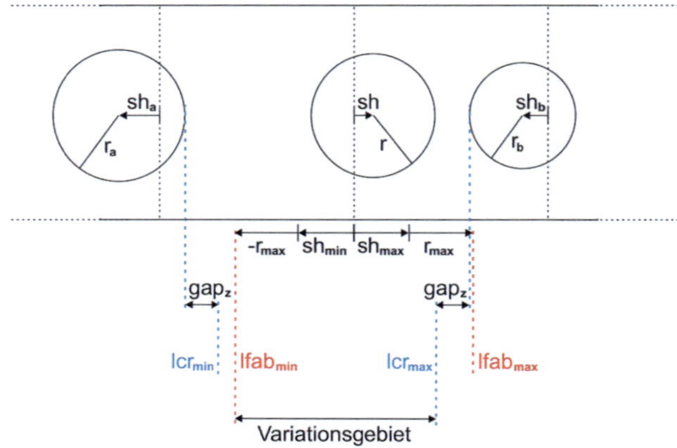

Abb. 7.9: Festlegung des Variationsgebietes für ein bestimmtes Loch (Mitte) einer Defektstruktur. Die Grenzen des Variationsgebietes werden durch vorgegebene Randbedingungen sh_{min}, sh_{max}, r_{max} und gap_z sowie die Verschiebungen sh_a, sh_b und Radien r_a, r_b der Nachbarlöcher (linkes und rechtes Loch) bestimmt. Die senkrechten schwarzen Linien korrespondieren zum zugrunde liegenden Gitter des photonischen Kristalls und dienen als Bezugspunkt für das jeweilige zugehörige Loch.

mit sh_a, r_a als Verschiebung und Radius des linken Nachbarn und sh_b, r_b als Verschiebung und Radius des rechten Nachbarn. Die Gitterkonstante a des zugrunde liegenden photonischen Kristalls ist auf 1 normiert. Das Variationsgebiet ist schließlich durch die Grenzen l_{min} und l_{max} gegeben:

$$l_{\mathrm{min}} = \max(lcr_{\mathrm{min}}, lfab_{\mathrm{min}}), \qquad [7.13]$$

$$l_{\mathrm{max}} = \min(lcr_{\mathrm{max}}, lfab_{\mathrm{max}}). \qquad [7.14]$$

Eine Ausnahme gilt für die Erschaffungsoperation, bei der Gleichung [7.12] durch

$$lcr_{\mathrm{max}} = 0{,}5\,a - \frac{1}{2} \cdot gap_z \qquad [7.15]$$

ersetzt wird. In diesem Fall wird außerdem Gleichung [7.14] durch

$$l_{\max} = lfab_{\max} \qquad [7.16]$$

ersetzt, da es auf der rechten Seite noch keine Nachbarn gibt. Eine weitere Ausnahme stellt das erste betrachtete Loch in der Mutations- oder Erschaffungsoperation dar, für das Gleichung [7.11] durch

$$lcr_{\min} = -0{,}5\,a + \frac{1}{2} \cdot gap_z \qquad [7.17]$$

ersetzt wird.

(b) Berechnung der Grenzen für die Verschiebung sh unter Berücksichtigung eines Minimalradius $r_{\min}$

Zur Sicherstellung der Generierbarkeit eines Loches darf die Lochverschiebung nicht zu groß sein. Es soll also mindestens ein Loch mit Minimalradius $r_{\min}$ erzeugt werden können, was die Verschiebung auf $lsh_{\min}$ und $lsh_{\max}$ begrenzt:

$$lsh_{\min} = l_{\min} + r_{\min}, \qquad [7.18]$$

$$lsh_{\max} = l_{\max} - r_{\min}. \qquad [7.19]$$

(c) Erzeugung der Lochverschiebung sh

Für die Mutationsoperation wird die Verschiebung durch Addition einer normalverteilten Zufallszahl zur ursprünglichen Lage sh_{orig} wie folgt erzeugt:

$$sh = sh_{\mathrm{orig}} + \frac{1}{2} \cdot N(\sigma^2) \cdot a. \qquad [7.20]$$

$N(\sigma^2)$ ist hierbei eine normalverteilte Zufallsvariable mit Standardabweichung σ. Im Fall der Erschaffung wird die Verschiebung einfach zwischen den Grenzen $lsh_{\min}$ und $lsh_{\max}$ durch eine gleichverteilte Zufallsvariable $U[0,1]$ erzeugt:

$$sh = lsh_{\min} + (lsh_{\max} - lsh_{\min}) \cdot U[0,1]. \qquad [7.21]$$

(d) Überwachung der Fabrikationsgrenzen für die Verschiebung *sh*

Die erzeugte Verschiebung muss innerhalb der vorgegebenen Grenzen $sh_{\min}$ und $sh_{\max}$ sowie $lsh_{\min}$ und $lsh_{\max}$ liegen. Ist dies nicht der Fall, so wird die erzeugte Verschiebung auf $lsh_{\min}$ beziehungsweise $lsh_{\max}$ gesetzt.

(e) Berechnung der Grenzen für den Radius *r* unter Beachtung der generierten Verschiebung *sh*

Nach der Bestimmung der Verschiebung wird diese zur Berechnung des für den Radius verfügbaren Wertebereichs herangezogen. Die Obergrenze lr für den Radius ist dabei durch das Minimum der Radiusgrenzen nach links, rechts und $r_{\max}$ gegeben:

$$lr_{\text{links}} = |sh - l_{\min}|, \qquad [7.22]$$

$$lr_{\text{rechts}} = |l_{\max} - sh|, \qquad [7.23]$$

$$lr = \min(lr_{\text{links}}, lr_{\text{rechts}}, r_{\max}). \qquad [7.24]$$

(f) Erzeugung des Radius *r*

Während der Mutationsoperation wird der Radius wie die Verschiebung durch Addition einer normalverteilten Zufallsgröße N mit Mutationsintensität σ erzeugt:

$$r = r_{\text{orig}} + \frac{1}{2} \cdot N(\sigma^2) \cdot a. \qquad [7.25]$$

Für die Erschaffung wird der Radius durch eine gleichverteilte Zufallsgröße $U[0,1]$ zwischen $r_{\min}$ und lr erzeugt:

$$r = r_{\min} + (lr - r_{\min}) \cdot U[0,1]. \qquad [7.26]$$

(g) Überwachung der Fabrikationsgrenzen für den Radius *r*

Der generierte Radius r muss zwischen $r_{\min}$ und lr liegen. Ist dies nicht der Fall, so wird der erzeugte Radius auf $r_{\min}$ beziehungsweise lr gesetzt.

Für die übrigen Parameter (N, r_N, M und sd) wird die Mutationsoperation allgemein durch

$$p = p_{\text{orig}} + \frac{1}{2} \cdot N(\sigma^2) \cdot a \qquad [7.27]$$

festgelegt, und die Erschaffung ist durch

$$p = p_{\text{min}} + (p_{\text{max}} - p_{\text{min}}) \cdot U[0,1] \qquad [7.28]$$

gegeben mit den üblichen Zufallsvariablen $N(\sigma^2)$ und $U[0,1]$. p ist hierbei als Platzhalter für die obigen Parameter (N, r_N, M und sd) zu verstehen. Nach der Parametergenerierung muss wie für sh und r die korrekte Begrenzung durch die entsprechenden vorgegebenen Fabrikationsgrenzen p_{min} und p_{max} sichergestellt werden.

Für bestimmte Parameterkombinationen kann es vorkommen, dass keine erlaubte Struktur generiert werden kann. Dies würde zu Problemen während des Ablaufes des Algorithmus führen. Deshalb ist es notwendig, die vorgegebenen Fabrikationsgrenzen selbst zu überprüfen, bevor der Algorithmus gestartet wird. Hierbei soll der fabrikationstechnische Minimalabstand zweier Löcher der folgenden Bedingung genügen:

$$gap_z < a + sh_{\text{min}} - sh_{\text{max}} - 2 \cdot r_{\text{min}}. \qquad [7.29]$$

So wird sichergestellt, dass mindestens zwei aufeinander folgende Löcher mit minimalem Radius und unter Berücksichtigung der maximal möglichen Verschiebungen korrekt erzeugt werden können. Zusätzlich zu dieser Anfangsbedingung für gap_z werden in jedem Schritt die folgenden drei Bedingungen überprüft:

$$gap_z > a - sh_a - r_a + sh - r, \qquad [7.30]$$

$$r < r_{\text{min}} \quad \text{oder} \quad r > r_{\text{max}}, \qquad [7.31]$$

$$sh < sh_{\text{min}} \quad \text{oder} \quad sh > sh_{\text{max}}. \qquad [7.32]$$

Dies geschieht nacheinander für jedes Loch der generierten Struktur. Wird hier eine der obigen Ungleichungen wahr, so existiert ein Fehler in der Struktur. Dies kann beim Ablauf des Algorithmus beispielsweise durch falsche Festlegung der prozesstechnischen Parameter auftreten.

Klonen

Durch Klonen werden die Genotypen mit der besten Fitness einer Generation unverändert in die nächste Generation übernommen [126]. So wird sichergestellt, dass die durch eine Generation erreichte Fitness beim Übergang zur nächsten Generation nicht abnimmt. Für den implementierten Algorithmus ist die Anzahl der zu klonenden Genotypen hier auf zwei festgelegt, kann jedoch durch geringfügige Änderungen des Quellcodes variiert werden.

7.2.3 Genetische Fitnessfunktion

Nach der Erklärung der Erzeugung der Genotypen aus den Liniendefektstrukturen und der genetischen Operatoren Rekombination, Mutation und Klonen ist für den genetischen Algorithmus noch die Definition der Fitnessfunktion $f(g)$ notwendig. Diese ist für den gewünschten Algorithmus zur Optimierung des Gütefaktors durch den Kehrwert des Integrals der Fouriertransformierten der elektromagnetischen Eigenmode innerhalb des Lichtkegels gegeben und soll maximal werden:

$$f(g) = \frac{1}{\int\limits_{|k|<k_{LK}} \text{FT}(|E|)\, dk},$$

[7.33]

wobei E eine Eigenmode der Defektstruktur mit Frequenz ω_0 und $k_{LK} = n_{\text{Mantel}}\omega_0/c$ der Rand des Lichtkegels ist. Diese Fitnessfunktion kann nicht geschlossen ausgerechnet werden, sondern erfordert die Berechnung der elektromagnetischen Eigenmode der zu einem bestimmten Genotypen gehörenden Defektstruktur. Zu diesem Zweck wurde das Programm Meep verwendet, mit dem schon die Transmissionsrechnungen durchgeführt wurden. Die Eigenmode des zugehörigen photonischen Kristallschichtdefektes wird mit Hilfe von Meep berechnet, fouriertransformiert und innerhalb des Lichtkegels ausgewertet. Die Umsetzung des oben beschriebenen genetischen Algorithmus mit der Fitnessfunktion 7.33 in ein Computerprogramm ist in Abschnitt 7.4 beschrieben, das Ergebnis der Optimierung in Abschnitt 7.5.

7.2.4 Test des genetischen Algorithmus

Vor der Umsetzung dieser Fitnessfunktion macht es jedoch zunächst Sinn, den genetischen Algorithmus testweise mit einer einfachen Fitnessfunktion auszustatten, deren Optimum bekannt ist. Dazu wird zunächst eine Population eines aus n Chromsomen bestehenden Genoms betrachtet, dessen Genwerte analog zu Abbildung 7.5 innerhalb eines bestimmten Intervalls variiert werden können unter der Einhaltung bestimmter hier willkürlich vorgegebener Randbedingungen, wie zum Beispiel minimaler Lochabstand und keine Lochüberschneidung. Zur Optimierung wird folgende Fitnessfunktion verwendet:

$$f(g) = \sum_{i=1}^{n} \frac{10}{\text{Verschiebung } c(i)} + 10 \sum_{i=1}^{n} \text{Radius } c(i). \qquad [7.34]$$

Das Optimum der Fitnessfunktion in 7.34 wird erreicht für minimale Verschiebungen und maximale Radien der den n Chromosomen entsprechenden Löchern. Der Verlauf der Fitness der fortschreitenden Generationen ist für diese Fitnessfunktion für mehrere Testdurchläufe des genetischen Algorithmus in Abbildung 7.10 gezeigt. Hierbei wurde eine Population aus 10 Individuen mit 3 Chromosomen verwendet, von denen je Generation 3 mutiert und 2 geklont wurden. Der optimale Fitnesswert ist als rote Linie eingezeichnet. Man erkennt, dass der Algorithmus für diese einfache Fitnessfunktion recht schnell nahe an das Optimum herankommt, dann aber lange brauchen kann, um das Optimum zu erreichen.

Neben den in Abbildung 7.10 gezeigten Testdurchläufen wurden mit dieser einfachen Fitnessfunktion zahlreiche Kombinationen der Algorithmenparameter Chromosomenanzahl und Mutationsintensität, aber für eine feste Anzahl von 80 Generationen getes-

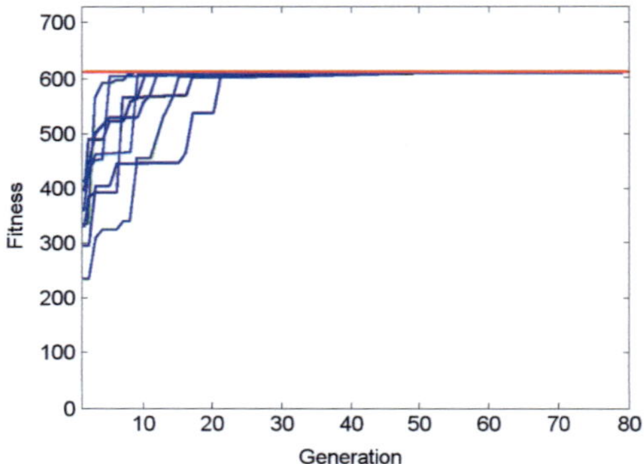

Abb. 7.10: Verlauf der Fitness für fortschreitende Generationen bei mehrmaligem Ablauf eines genetischen Algorithmus für eine Fitnessfunktion entsprechend Gleichung [7.34]. Verwendet wurden 10 Individuen je Population, davon 2 Klone und 2 Mutationen sowie 3 aus 2 Genen bestehende Chromosomen und Mutationsintensität $\sigma = 0{,}2$.

tet. Im Mittel wird das Optimum dabei erwartungsgemäß für weniger Chromosomen schneller erreicht. Auch ist die Wahl einer hohen Mutationsintensität für die einfache Fitnessfunktion [7.34] vorteilhaft und führt zu einer schnelleren Konvergenz.

Um den Algorithmus mit einer komplexeren Fitnessabhängigkeit testen zu können, betrachten wir eine Population aus Genotypen mit 12 Chromosomen und die Fitnessfunktion

$$f(g) = \sum_{i=1}^{12} \frac{10}{(\text{Verschiebung } c(i) - sh)^2 + 0{,}01} + \sum_{i=1}^{12} \frac{10}{(\text{Radius } c(i) - r)^2 + 0{,}01}, \quad [7.35]$$

wobei sh und r innerhalb der für Lochverschiebung und Lochradius erlaubten Grenzen willkürlich gewählte Vektoren sind. Die Fitnessfunktion ist so gestaltet, dass sie für einen zu den obigen Vektoren korrespondierenden Genotypen maximal wird, wobei sie den Wert $f = 24000$ erreicht. Der Verlauf des genetischen Algorithmus unter Verwendung dieser Fitnessfunktion ist für 640 Generationen in Abbildung 7.11 dargestellt. Aufgrund der größeren Anzahl an Chromosomen wurde die Anzahl der Generationen

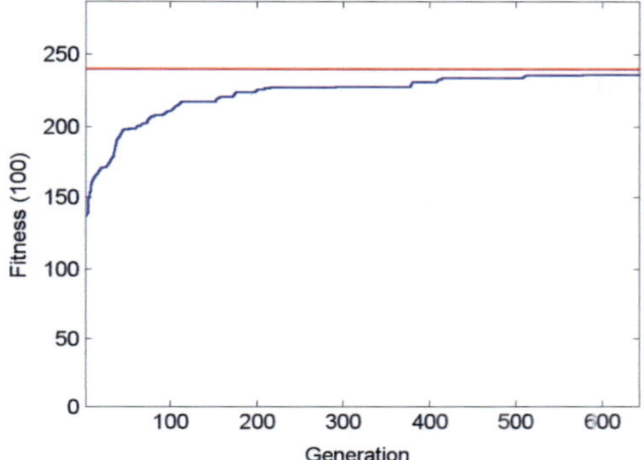

Abb. 7.11: Verlauf der Fitness für fortschreitende Generationen beim Ablauf eines genetischen
Algorithmus für eine Fitnessfunktion entsprechend Gleichung [7.35]. Verwendet wur-
den 10 Individuen je Population, davon 2 Klone und 3 Mutationen sowie 12 aus 2
Genen bestehende Chromosomen und Mutationsintensität $\sigma = 0{,}05$.

auf 640 angehoben. Auch wurde im Vergleich zum obigen Test für diesen Durchlauf die
Mutationsintensität verringert, was für die komplexere Fitnessfunktion [7.35] zu besse-
ren Ergebnissen führte. Die Mutationsintensität kann also verwendet werden, um den
genetischen Algorithmus an die gegebene Fitnessfunktion anzupassen. Innerhalb der
640 Generationen erreicht der Algorithmus hier eine Fitness, die mehr als 99 % des Ma-
ximums entspricht.

Abschließend wurde noch der Einfluss des Klonens auf die im Verlauf des genetischen
Algorithmus erreichte Fitness untersucht. Dazu wurde das Klonen für den Test mit der
einfachen Fitnessfunktion deaktiviert. Das Ergebnis sieht man in Abbildung 7.12. Der
Verlauf der erreichten Fitness ist für vier Durchläufe des Algorithmus ohne Klonen abgebildet. Man erkennt, dass der Algorithmus ohne Klonen nicht zuverlässig konvergiert.
Nur für einen Durchlauf wurde das Optimum überhaupt zeitweise erreicht. So stellt das
Klonen trotz der fehlenden Entsprechung im biologischen Vorbild der Evolution einen
essentiellen Teil des genetischen Algorithmus dar, ohne den keine Optimierung erreicht
werden kann.

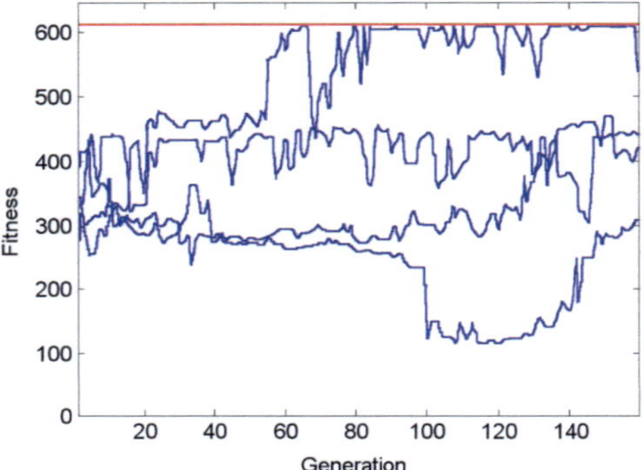

Abb. 7.12: Fitness für fortschreitende Generationen bei mehrmaligem Ablauf eines genetischen Algorithmus für die gleiche Situation wie in Abbildung 7.10, jedoch ohne Klonen.

7.3 Simulierte Abkühlung

Die Simulierte Abkühlung (SA) ist wie der genetische Algorithmus ein heuristisches globales Optimierungsverfahren. Ziel ist hierbei, eine auf einem Lösungsraum definierte Bewertungsfunktion iterativ zu maximieren oder zu minimieren. Der Algorithmus orientiert sich an dem physikalischen Vorbild der Abkühlung eines Festkörpers, bei der die Atome mit fortschreitender Kühlung des Festkörpers bestrebt sind, den Zustand geringster Energie einzunehmen. Im Algorithmus wird dabei von einem Schritt zum nächsten die Bewertungsfunktion mit hoher Wahrscheinlichkeit verbessert und mit geringer Wahrscheinlichkeit verschlechtert. Die Wahrscheinlichkeit zur Verschlechterung wird jedoch im Verlaufe des Algorithmus immer weiter reduziert, so wie die Temperatur bei der Abkühlung eines Festkörpers langsam sinkt [128–131]. Die Veränderung der Lösung innerhalb eines Algorithmenschritts geschieht dabei ähnlich der Mutation im genetischen Algorithmus zufällig.

Im Rahmen dieser Arbeit wurde ein in Matlab gegebener Algorithmus zur simulierten Abkühlung verwendet, wobei als Bewertungsfunktion wieder der Wert der Fouriertransformierten der Eigenmode innerhalb des Lichtkegels herangezogen wird. Die Darstellung der im Lösungsraum liegenden photonischen Kristallschichtdefekte folgt der Matrixdarstellung in Gleichung [7.3], die auch für den genetischen Algorithmus verwendet wurde. So liefert die simulierte Abkühlung einen zweiten Algorithmentyp, der für die Optimierung der photonischen Kristallschichtkavitäten verwendet werden kann. Die konkrete Umsetzung der Optimierung in ein Computerprogramm ist in Abschnitt 7.4 beschrieben.

Im Rahmen der vorliegenden Arbeit wurde der Algorithmus zur simulierten Abkühlung verwendet, um eine Vergleichsdefektstruktur zu der mit dem genetischen Algorithmus erhaltenen Struktur zu erzeugen. Zu diesem Zweck wurde ein besonders einfacher aber effektiver Optimierungsraum verwendet. Es handelt sich hierbei um die Gesamtheit aller Liniendefekte, deren Lochradien einer Gaußschen Verteilung folgen. Die Verteilung der Lochradien ist durch die Funktion

$$r(i) = (r_{\max} - r_{\min})e^{-(i-(n+1))/2(f\sigma)^2} + r_{\min}, \qquad [7.36]$$

mit

$$\sigma = \frac{n}{\sqrt{2\log(1/p)}} \quad \text{und} \quad p = \frac{r_f - r_{\min}}{r_{\max} - r_{\min}} \qquad [7.37]$$

gegeben. n beschreibt die Anzahl der inneren Lochreihen, welche im Radius verändert werden, $r_{\min}$, $r_{\max}$ sind die Radiengrenzen und $i \in \mathbb{Z}$ nummeriert die Löcher durch. r_f ist die maximal erlaubte Abweichung des ersten Radius $r(1)$ vom unteren Grenzradius $r_{\min}$ und legt so σ fest. $0 < f \leq 1$ ist in obiger Formel der freie Parameter, der die Form der Gaußschen Verteilung und damit die Verteilung der Lochradien bestimmt. Mit f als Optimierungsparameter ergibt sich so ein eindimensionales Optimierungsproblem. Zwei beispielhafte Verteilungen für die Lochradien sind in Abbildung 7.13 dargestellt. Eine Gaußsche Verteilung der Lochradien kann gute Ergebnisse für den Gütefaktor eines Liniendefektes liefern und deren Optimierung ist, da es sich um eine eindimensionale

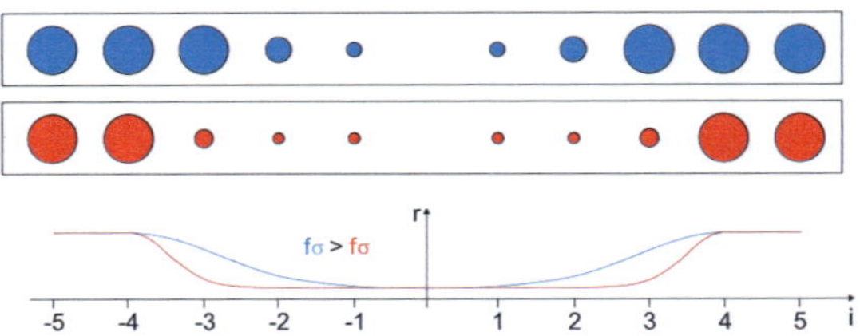

Abb. 7.13: Gaußsche Verteilung der Radien im Liniendefekt nach Gleichung [7.36] für $n = 3$, $\sigma = 1$, $f = 0{,}7$ (blau) und $f = 0{,}3$ (rot).

Optimierung handelt, verglichen mit anderen Methoden zeitsparend. Zusätzlich zu den variablen Lochradien können die Verschiebungen der Löcher ebenfalls nach einer Gaußschen Verteilung variabel gestaltet werden:

$$sh(i) = (sh_{\max} - sh_{\min})e^{-(i-1)^2/2(f\sigma)^2} + sh_{\min}, \qquad [7.38]$$

mit

$$\sigma = \frac{n}{\sqrt{2\log(1/p)}} \quad \text{und} \quad p = \frac{sh_f - sh_{\min}}{sh_{\max} - sh_{\min}}, \qquad [7.39]$$

wobei f aus Gründen der Glattheit der Verteilung auf $0{,}3 \leq f \leq 1$ beschränkt wird. Dies führt zu einem zweidimensionalen Optimierungsproblem. Ergebnisse der Optimierung einer Gaußschen Lochverteilung sind in Abschnitt 7.5 zusammengefasst.

7.4 Automatisierung der Optimierung

Das Optimierungsverfahren für photonische Kristallschichtliniendefekte hinsichtlich eines möglichst hohen Gütefaktors wurde für die zwei zuvor vorgestellten Algorithmentypen in ein Programm mit graphischer Benutzeroberfläche implementiert. Dabei stand ein übersichtliches Eingabeschema zur Festlegung der dielektrischen und herstellungstechnischen Parameter im Vordergrund. Das Programm wurde in Matlab umgesetzt und greift zusätzlich auf die externe Anwendung Meep zu [70, 71].

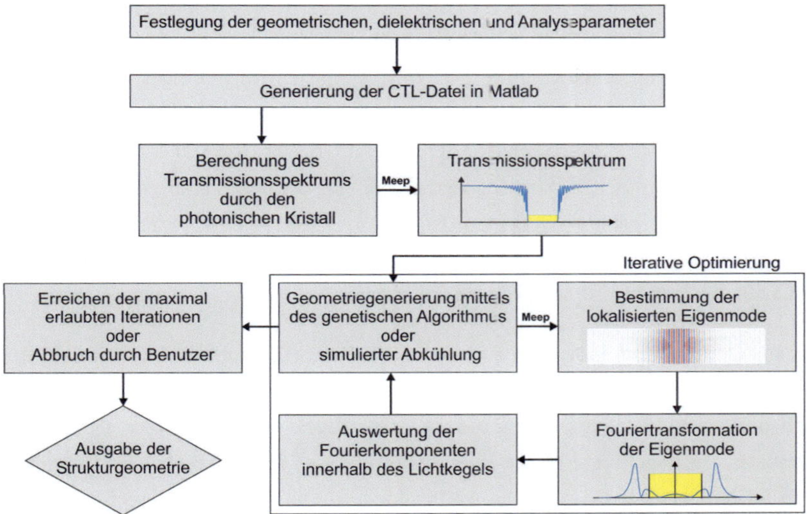

Abb. 7.14: Ablaufschema einer auf Matlab basierten Softwareanwendung zur Optimierung photonischer Kristallschichtkavitäten.

Eine Prinzipskizze des inneren Ablaufes der gesamten Softwareanwendung in Matlab ist in Abbildung 7.14 gegeben. Zu Anfang werden die dielektrischen, die geometrischen und die Analyseparameter festgelegt. Diese werden dann genutzt, um in Matlab eine Steuerungsdatei (CTL-Datei) anzulegen. Diese Datei steuert den nachfolgenden Schritt der im externen Programm Meep durchgeführten Transmissionsrechnung durch die photonische Kristallschichtstruktur ohne Defekt. Im Transmissionsspektrum werden dann die relevante Bandlücke sowie deren Breite und Mittenfrequenz identifiziert. Wird keine Bandlücke gefunden, so wird der Algorithmus abgebrochen.

Nach der Identifikation der Bandlücke beginnt die im Kasten dargestellte iterative Optimierung der Liniendefektstruktur. Der gewählte Algorithmus generiert eine Anfangsstruktur oder -population. Die Feldverteilung der zugehörigen elektromagnetischen Eigenmode wird mittels Meep bestimmt. Hierbei wird zunächst die Dynamik einer breitbandigen Lichtquelle mit der oben bestimmten Mittenfrequenz und Frequenzbreite innerhalb der Kavität simuliert und die Frequenz der Eigenmode durch das in Meep integrierte Modul Harminv bestimmt [71, 132]. Danach wird mit einer schmalbandigen Quelle innerhalb der Kavität deren Eigenmode angeregt, und die Feldverteilung der Eigenmode wird fouriertransformiert. Nachfolgend wird das Integral der Fouriertransformierten innerhalb des Lichtkegels ausgewertet. Auf Basis der Fourierkomponenten im Lichtkegel wird je nach verwendetem Algorithmus eine neue Struktur oder Population generiert. Hiermit beginnt die nächste Iterationsschleife. Wird die Iteration durch den Benutzer abgebrochen, so wird die bis dahin beste Strukturgeometrie ausgegeben.

Die zur Optimierung relevanten Parameter werden zu Beginn der Optimierung in der implementierten Matlab-Anwendung in vier verschiedenen graphischen Benutzeroberflächen eingegeben. Hierbei dient die erste Oberfläche zur Eingabe der geometrischen Parameter. Die zugehörige Maske ist in Abbildung 7.15 gezeigt. Sie ist in 5 Bereiche unterteilt: Ein Fenster zur Veranschaulichung der gewählten Geometrieparameter (oberstes Viertel der Maske), die Angabe der Gitterkonstante, die Angabe der geometrischen Optimierungsparameter, die Festlegung der Größe des Yee-Gitters und der Schichtdicken sowie die Eingabe sonstiger Parameter.

Abbildung 7.16 zeigt die zweite Maske für die Eingabe der dielektrischen Parameter. Dazu gehören die Brechungsindizes der Materialien in der photonischen Kristallschicht n_{top}, n_{slab} und n_{bottom}. Nach dem in Abschnitt 2.1 beschriebenen Prinzip zur Eigenmodenbestimmung eines Schichtwellenleiters können in diesem Fenster die Propagationskonstanten und der effektive Brechungsindex der Grundmode des der photonischen Kristallschicht zugrunde liegenden Schichtwellenleiters berechnet werden. Alternativ können die Propagationsparameter vom Benutzer selbst definiert werden, was beispielsweise für die Betrachtung höherer Eigenmoden notwendig ist.

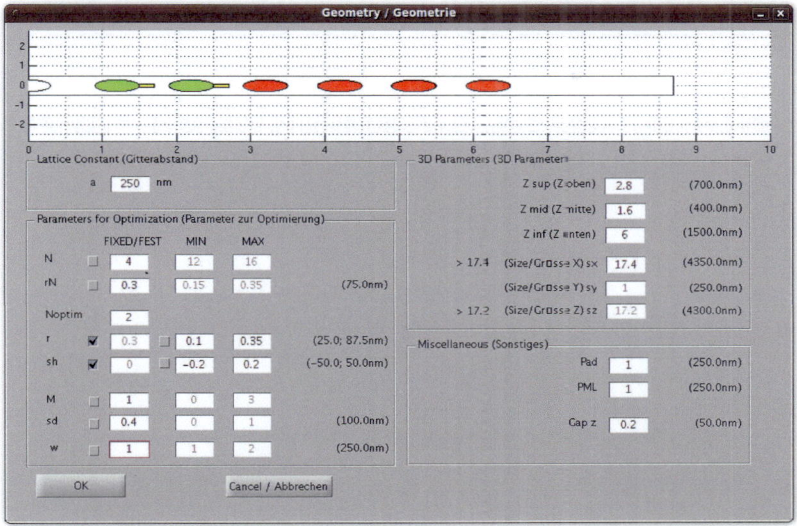

Abb. 7.15: Maske zur Eingabe der geometrischen Optimierungsparameter.

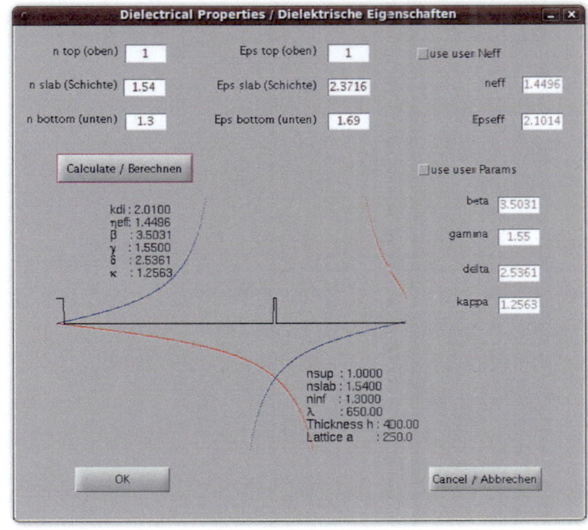

Abb. 7.16: Maske zur Eingabe der dielektrischen Parameter.

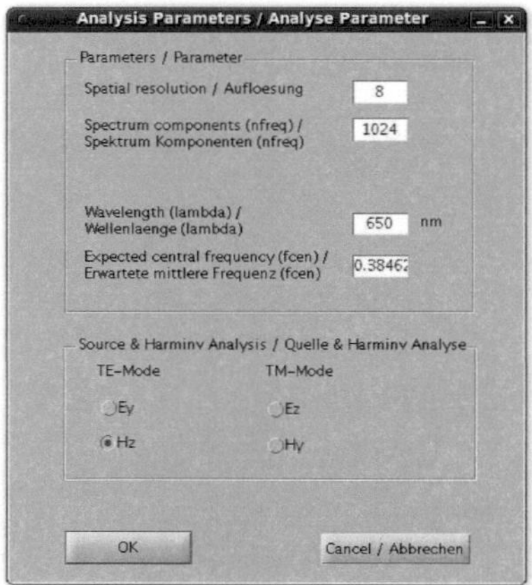

Abb. 7.17: Maske zur Festlegung der allgemeinen Analyseparameter.

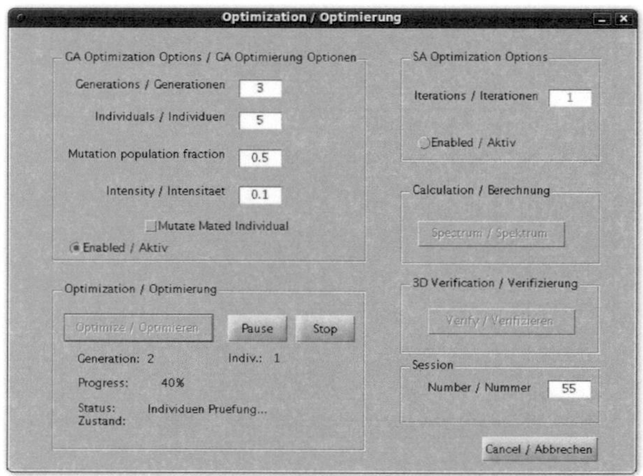

Abb. 7.18: Maske zur Steuerung des Optimierungsverfahrens.

Die dritte Maske in Abbildung 7.17 dient zur Eingabe der allgemeinen Analyseparameter, die während des Optimierungsprozesses verwendet werden. Dazu gehört die Auflösung des Yee-Gitters, die spektrale Auflösung des Transmissionsspektrums und die gewählte Polarisation. Außerdem wird durch Wahl einer Mittenfrequenz oder einer Vakuumwellenlänge der Frequenzbereich der initialen Transmissionsrechnung durch den photonischen Kristall ohne Defekt festgelegt. Nach Identifikation einer Bandlücke wird dieser Wert durch die Software automatisch aktualisiert.

Die vierte Maske ermöglicht schließlich die Angabe der Parameter für den jeweils gewählten Optimierungsalgorithmus. Sie ist in Abbildung 7.18 dargestellt. Die Oberfläche des Fensters ist in 6 Gruppen unterteilt: Die Gruppe „GA Optimization Options" dient der Angabe der Parameter für den genetischen Algorithmus, die Gruppe „SA Optimization Options" der Angabe der Parameter für das simulierte Abkühlen, die Gruppe „Calculation" der Berechnung des Spektrums, die Gruppe „Optimization" dem Starten und Anhalten der Optimierung, die Gruppe „3D Verification" der Überprüfung des erreichten Gütefaktors und die Gruppe „Session" der Identifikation des aktuellen Optimierungsprozesses durch eine fortlaufende Nummer.

7.5 Ergebnisse der Optimierung

In diesem Kapitel wurden die Werkzeuge beschrieben, die Voraussetzung für die automatisierte Optimierung der photonischen Kristallschichtliniendefekte waren. Nach der Implementierung der graphischen Benutzeroberfläche und des entworfenen genetischen Algorithmus sowie der Integration des in Matlab enthaltenen Algorithmus zur simulierten Abkühlung stand damit eine auf die Bedingungen der vorliegenden Arbeit abgestimmte Software für die automatisierte Optimierung der photonischen Kristallschichtliniendefekte zur Verfügung. Nachfolgend werden die Resultate der Optimierung gezeigt.

Abbildung 7.19 zeigt die Ergebnisse der Optimierung eindimensionaler photonischer Kristallschichtkavitäten in einem Schichtaufbau aus Teflon, PMMA und Luft. Darge-

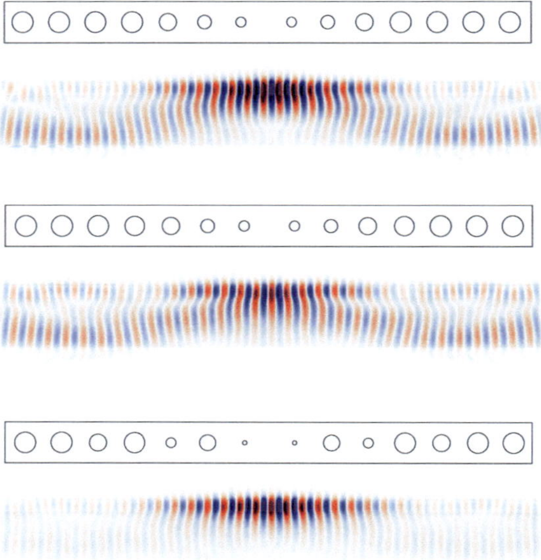

Abb. 7.19: Drei verschiedene nichttriviale Liniendefektstrukturen und vertikaler Schnitt durch
die zugehörigen Eigenmoden innerhalb einer photonischen Kristallschicht aus Teflon, PMMA und Luft. Oben: Lineare Lochradienverteilung. Mitte: Gaußsche Lochradienverteilung optimiert mittels simulierter Abkühlung. Unten: Lochverteilung nach
allgemeiner Optimierung mittels des genetischen Algorithmus.

stellt sind die Ergebnisse für drei Liniendefektstrukturen, wobei die Defektstrukturen
jeweils oberhalb der zugehörigen berechneten Eigenmoden abgebildet sind. Die Darstellung der Defektstrukturen zeigt die Aufsicht der auf eine Lochzeile beschränkten
Liniendefekte, die Eigenmoden sind über einem vertikalen Schnitt durch diese Defektstrukturen dargestellt.

Die zugrunde liegende Kristallschicht ist hierbei 400 nm dick und besteht aus insgesamt
40 Löchern pro Zeile mit der Gitterkonstante $a = 250$ nm, wobei die beiden zentralen
Löcher um $d = 1{,}4\,a$ auseinander liegen. Die Verteilung der inneren Lochradien der drei
Liniendefektstrukturen ist wie folgt gegeben:

Struktur	Radien der inneren 6 Lochreihen (r/a)						Güte
Lineare Lochverteilung	0,16	0,206	0,253	0,3	0,3	0,3	354
Gaußsche Lochverteilung	0,15	0,185	0,22	0,252	0,277	0,294	690
GA-Struktur	0,05	0,216	0,11	0,298	0,226	0,323	1054

Im oberen Teil der Abbildung ist als Referenz ein Liniendefekt dargestellt, bei dem die drei innersten Lochreihen linear verjüngte Lochradien aufweisen. Diese Defektstrukturen wurden in verschiedenen Veröffentlichungen zur Verbesserung des Gütefaktors einer Linienkavität vorgeschlagen [74, 133]. Die Feldverteilung der zugehörigen Eigenmode darunter zeigt, dass die Mode in erheblichem Umfang in das unterliegende Teflonsubstrat abstrahlt. Der zugehörige Gütefaktor ($Q = 354$) ist jedoch bereits deutlich besser als derjenige einer Linienkavität mit konstanten Lochradien, deren Gütefaktor unterhalb von 100 liegt (vergleiche Abbildung 4.6).

In der Mitte von Abbildung 7.19 ist das Ergebnis der Optimierung eines Liniendefekts mit gaußförmiger Lochradienverteilung gezeigt. Die Optimierung der Lochradien beschränkte sich dabei auf die 6 innersten Löcher der Defektstruktur nach dem in Abbildung 7.13 gezeigten Prinzip und den die Breite der Gaußfunktion bestimmenden Parameter f. Es handelt sich daher um eine eindimensionale Optimierung, für die in diesem Fall die simulierte Abkühlung zur Optimierung verwendet wurde. Man erkennt, dass die Abstrahlung der Eigenmode in die Teflonschicht gegenüber der darüber gezeigten Defektstruktur bereits deutlich reduziert ist. Der Gütefaktor beträgt $Q = 690$. Eine Gaußsche Verteilung der Lochradien in der Defektstruktur bestätigt sich damit als effektive Maßnahme zur Verbesserung des Gütefaktors.

Abbildung 7.19 unten schließlich zeigt das Ergebnis der Optimierung mittels des genetischen Algorithmus. Hier wurden ebenfalls die innersten 6 Lochreihen variiert. Für die Optimierung wurde dabei die genetische Entwicklung von 10 Individuen über 80 Generationen berechnet.

Die hiermit berechnete optimale Struktur wurde bislang in der Literatur nicht beschrieben und weist eine hier erstmalig vorgeschlagene Ausprägung der Liniendefektstruktur auf: Diese ist gekennzeichnet durch eine alternierende Verteilung der Lochradien, wobei der mittlere Radius der Löcher mit wachsendem Abstand von der Defektmitte zunimmt. Die Geometrie dieser optimierten Defektstruktur unterscheidet sich damit qualitativ deutlich sowohl von dem in der Literatur vorgeschlagenen Liniendefekt in Abbildung 7.19 oben, als auch von der über die Gaußsche Lochverteilung optimierten Defektstruktur.

Die nach dem hier durchgeführten genetischen Verfahren optimierte Struktur weist gegenüber den beiden zuvor behandelten eine nochmals erheblich reduzierte Abstrahlung in die darunter liegende Teflonschicht auf. Der Gütefaktor beträgt $Q = 1054$ und ist damit gegenüber dem Fall der Gaußschen Lochverteilung nochmals deutlich erhöht.

8 Zusammenfassung und Ausblick

8.1 Zusammenfassung

Im Rahmen der vorliegenden Arbeit wurden Konzepte für integriert optische Sensoren auf Polymerbasis entwickelt und umgesetzt. Dazu wurden drei analog aufgebaute Integrationskonzepte entworfen und anwendungsspezifisch dimensioniert. Das erste behandelt die monolithische Integration eines optischen Sensors für die Fluoreszenzanregung und -detektion eines Analyten über einen Polymerwellenleiter. Das zweite Konzept umfasst die Transmissionsmessung durch eine mit dem Analyten wechselwirkende photonische Kristallschicht zur Analyse von Verschiebungen im Transmissionsspektrum. Das dritte Integrationskonzept basiert auf der Transmissionsmessung durch einen Streifenwellenleiter, an den eine mit dem Analyten wechselwirkende Mikrodisk angekoppelt ist. Im Folgenden werden die im Rahmen dieser Konzepte erzielten Resultate kurz zusammengefasst. Daneben wird auch die im Rahmen dieser Arbeit behandelte und über die eigentlichen Sensorkonzepte hinausgehende Optimierung photonischer Kristallschichtkavitäten aufgegriffen:

- Das Konzept zur Fluoreszenzanregung wurde mittels UV-Lithographie auf einem monolithischen PMMA-Chip umgesetzt. So konnten sowohl UV-induzierte Wellenleiter mit exponentiellem Brechungsindexprofil als auch mikrofluidische Kanäle hergestellt werden. Zur Demonstration der Fluoreszenzanregung wurden auf den mit UV-induzierten Wellenleitern und den mit Wellenleitern und Mikrokanälen versehenen PMMA-Chips fluoreszenzmarkierte Phospholipide sowie gefärbte lebende Zellen angelagert. Diese wurden dann unter einem Fluoreszenzmikroskop vergleichend untersucht, wobei sie einerseits durch Flutbelichtung und andererseits über den integrierten Wellenleiter mit Anregungslicht bestrahlt wurden.

Dabei gelang es, die Phospholipide und die Zellen sowohl innerhalb des Kanals durch den Polymerwellenleiter direkt als auch evaneszent auf der Oberfläche des Polymerwellenleiters zur Fluoreszenz anzuregen. Hierdurch konnte die Machbarkeit zellbasierter optischer Sensoren auf der Basis monolithischer Polymerchips demonstriert werden. Der Vorteil des vorgestellten Konzepts gegenüber anderen wellenleiterbasierten Systemen zur Fluoreszenzanregung [62, 63] ist hierbei die Verwendung eines Streifenwellenleiters, wodurch kleine Gruppen adhärenter Zellen selektiv zur Fluoreszenz angeregt und untersucht werden können.

- Zur Realisierung des Sensorkonzeptes mit photonischer Kristallschicht wurde ein Schichtaufbau aus dem amorphen Fluoropolymer Teflon AF als Mantelschicht mit niedrigem Brechungsindex und PMMA als Kernschicht mit hohem Brechungsindex entworfen und hergestellt. Die photonische Kristallstruktur als optischer Signalwandler zur Wechselwirkung mit einem Analyten wurde mittels Elektronenstrahllithographie in die PMMA-Schicht eingebracht, die kleinsten Strukturen lagen hierbei bei 110 nm, die Gitterkonstante bei 250 nm. Durch Entwicklung eines kombinierten Lithographie- und Trockenätzprozesses konnte in die ebenfalls aus Teflon AF bestehende obere Mantelschicht ein die photonische Kristallstruktur freilegender Mikrokanal zur Führung des Analyten eingefügt werden. Die realisierten Strukturen sind aus biokompatiblen Polymeren gefertigt und zeigen gute Strukturqualität. Damit konnte gezeigt werden, dass das vorgestellte Konzept für die Kombination photonischer Kristallstrukturen mit Mikrokanälen fertigungstechnisch erfolgreich umgesetzt werden kann. Für im Kanal geführte wässrige Analyten wird hierbei durch die Verwendung von Teflon für die Mantelschichten das Brechungsindexprofil der wellenleitenden Struktur symmetrisiert, wodurch Streuverluste an Grenzflächen reduziert werden. Die hergestellten photonischen Kristallschichten wurden mit Lösungen verschiedener Brechungsindizes bedeckt und in Transmission vermessen. Hierfür wurden Gemische aus Glyzerin und Wasser verwendet. Die Transmissionsspektren zeigen einen zum Stoppband der photonischen Kristallschicht korrespondierenden Einbruch des transmittierten Lichts, welcher mit den Simulationsrechnungen gut übereinstimmt. Für steigenden Brechungsindex der Lösung verschiebt sich das Stoppband zu größeren Wellenlängen, ebenfalls in Übereinstimmung mit den entsprechenden Transmissionsrechnungen. Die spezifische spektrale Verschiebung beträgt dabei 246 nm/RIU. Dies ist mit in der Literatur erzielten Sensitivitäten vergleichbar [111]. Das vorgestellte Konzept ist damit vielversprechend für zukünftige Anwendungen in der Biosensorik.

Im Hinblick auf die industrielle Realisierung solcher Systeme ist die Parallelisierung der Herstellung photonischer Kristallstrukturen ausschlaggebend. Deren Machbarkeit wurde im Rahmen dieser Arbeit ebenfalls verfolgt und konnte am Beispiel des Heißprägens in Polymersubstrate aus PMMA und COC demonstriert werden. Dabei wurden Aspektverhältnisse von 3,5 bei Strukturgrößen von 110 nm erzielt, was den Dimensionen der durch Elektronenstrahlschreiben hergestellten photonischen Kristalle entspricht. Außerdem wurde gezeigt, dass durch Heißprägen photonische Kristallschichten in einem Schichtaufbau aus Teflon und PMMA repliziert werden können.

- Das Sensorkonzept aus Streifenwellenleiter und angekoppelter Mikrodisk wurde durch UV-Lithographie sowie Elektronenstrahllithographie umgesetzt. Hier konnten Kopplungsabstände von 750 nm sowie 340 nm realisiert werden. Auf die Herstellung der oberen Mantelschicht mit einem Mikrokanal, der die Mikrodisk freilegt, wurde hierbei verzichtet. Dies kann jedoch durch Kopie des entsprechenden Prozesses für die photonische Kristallschicht umgesetzt werden. Die hergestellten Mikrodisks wurden ebenfalls vermessen, zeigten jedoch aufgrund hoher intrinsischer Verluste der Mikrodisk keine Resonanzen im Transmissionsspektrum. Hier ist die Reduktion der Verluste durch weitere Optimierung des Herstellungsprozesses notwendig.

- Neben den Konzepten zur Integration eines Sensors wurde in dieser Arbeit auch die Frage nach der optimalen Geometrie eines Defektes in einer photonischen Kristallschicht diskutiert. Diese soll den Gütefaktor der Kavität maximieren, um beispielsweise die Auflösung eines damit ausgestatteten Sensors zu optimieren.

Zur Behandlung dieser Frage wurde ein über eine graphische Benutzeroberfläche steuerbares Optimierungsprogramm in Matlab implementiert, welches zum Auffinden der optimalen Defektgeometrie die abstrahlenden Fourierkomponenten der zugehörigen Defektmode minimiert. Das Programm verwendet zwei verschieden-artige Algorithmen zur Optimierung, einen genetischen Algorithmus und einen in Matlab integrierten Algorithmus zur simulierten Abkühlung. Die Entwicklung des genetischen Algorithmus orientierte sich dabei an bekannten genetischen Algo-rithmen [125–127]. Im Rahmen des Algorithmus wurden die Defektstrukturen in Genome übersetzt, genetische Inkompatibilitäten bei der Rekombination korrigiert und prozesstechnische Randbedingungen umgesetzt. Für die Optimierung photo-nischer Kristallschichtkavitäten wurde auf diese Weise ein benutzerfreundliches Programm erstellt, welches die komplexe Aufgabe der Defektoptimierung aus der Sicht der Nutzers auf die Vorgabe weniger Materialparameter und prozesstech-nischer Randbedingungen reduziert. Die Anwendung des genetischen Algorith-mus auf einen Liniendefekt in einer quadratischen photonischen Kristallschicht aus Teflon, PMMA und Luft führt zu einer in der Literatur bislang unbekannten Defektgeometrie mit alternierenden Lochradien. Der hierbei ermittelte Gütefaktor von $Q = 1054$ übersteigt den Gütefaktor von $Q < 100$ eines trivialen Liniendefek-tes mit konstanten Lochradien sowie den von $Q = 354$ eines Liniendefektes mit linearer Lochradienverteilung deutlich.

8.2 Ausblick

Die im Rahmen dieser Arbeit realisierten Konzepte von integrierten Polymersystemen bilden eine Grundlage für die Entwicklung miniaturisierter optischer Biosensoren auf Polymerbasis. Es wurde deutlich, dass sich der technologische Entwicklungsstand für die drei verfolgten Konzepte hinsichtlich der unmittelbaren Anwendungsreife unter-scheidet. Im folgenden Ausblick wird deshalb kurz diskutiert, welche technologischen Schritte für die Weiterentwicklung der hier vorgestellten Sensorkonzepte noch betrachtet werden müssen. Hierbei werden nicht nur die technologischen Herausforderungen dis-kutiert, sondern an geeigneter Stelle wird auch exemplarisch auf besonders interessante Anwendungen der entwickelten Technologie in oder außerhalb der biochemischen Ana-lytik eingegangen:

- Das Sensorsystem basierend auf einem UV-induzierten Streifenwellenleiter mit oder ohne Mikrokanal hat sich als gut anwendbar für Analysefällen erwiesen, in denen Messungen basierend auf Fluoreszenzanregung möglich sind. Hier liegen die technologischen Herausforderungen vornehmlich bei der Integration in ein Gesamtanalysesystem.

  Dies umfasst unter anderem Schritte zur Ermöglichung der Probenzufuhr, der Kapselung des Analyten und zur Einkopplung des Anregungs- sowie der Detektion des Fluoreszenzlichtes. Für diese Integration kann beispielsweise der den Polymerwellenleiter kreuzende mikrofluidische Kanal mit einer Polymerfolie durch thermisches Bonden oder Laserschweißen versiegelt werden. Auch für die Integration von Lichtquellen und Fluoreszenzdetektoren in den Polymerchip existieren bereits Technologien, mit denen die diesbezügliche Machbarkeit demonstriert wurde. Hierbei können teilweise monolithische Ansätze verfolgt werden, beispielsweise die monolithische Integration von schmalbandigen Lichtquellen zur Fluoreszenzanregung basierend auf extern gepumpten organischen Halbleiterlasern [134–136]. Andererseits können auch hybride Verfahren für die Integration in Betracht gezogen werden, zum Beispiel Fluoreszenzdetektoren auf der Basis von Photodioden, die mit als Fluoreszenzfilter wirkenden Bragg-Gittern kombiniert sind.

  Durch Verwendung dieser Technologien lassen sich damit die Voraussetzungen zum Bau miniaturisierter portabler Systeme erfüllen. Anwendungsbeispiele eines solchen Sensorsystems sind die selektive Untersuchung des Verhaltens sowie der Morphologie von adhärenten Zellen oder auch die Detektion von Zellen in integrierten Zellsortiersystemen [59, 137].

- Der Sensor basierend auf einer photonischen Kristallschicht ist verwendbar für Analysefälle, bei denen Polarisierbarkeits- oder Brechungsindexänderungen des Analyten detektiert werden sollen. Gegenüber dem zuvor diskutierten Sensorprinzip stellen sich hier neben der Aufgabe der Gesamtintegration noch folgende Weiterentwicklungsmöglichkeiten und Herausforderungen:

Zum einen können die hier erstellten Konzepte und softwarebasierten Werkzeuge zu einer grundsätzlichen weiteren Optimierung der Resonatorgüte verwendet werden. Daneben kann die verwendete Fertigungstechnologie weiter in Richtung Parallelisierung entwickelt werden, wofür die grundsätzliche Machbarkeit, zum Beispiel auf der Basis des Heißprägens, demonstriert wurde. Replikative parallele Fertigungstechniken sind insbesondere wichtig, um die Wiederholung der teuren Schritte der Urfomung durch Elektronenstrahlschreiben vermeiden zu können. Darüber hinaus ist es denkbar, ebenfalls auf der Basis photonischer Kristallstrukturen durch Einbringung ausgewählter Farbstoffe, zum Beispiel durch Aufdampfen, einen als Lichtquelle dienenden stimmbaren Farbstofflaser oder organischen Halbleiterlaser zu integrieren [67], um hierdurch das Anregungslicht für den integrierten Sensor zu erzeugen. Durch die gleichzeitige Parallelisierung der Herstellung von Signalwandler und Lichtquelle wäre damit ein wichtiger Schritt für die Massenfertigung integriert optischer Sensoren auf Polymerbasis getan.

Weiterhin ist für die spezifische Anwendung zur Detektion von biochemischen Funktionsgruppen, wie Moleküle oder DNS-Sequenzen, der Wechselwirkungsbereich des entwickelten photonischen Signalwandlers jeweils anwendungsspezifisch zu funktionalisieren. Hierdurch würde der wichtige Anwendungsbereich der markerfreien Detektion erschlossen.

Darüber hinaus bietet sich an, das vorgestellte Konzept nicht nur auf Sensoren zu beschränken, sondern auch für die Herstellung von stimmbaren Lasern zu verwenden. Zum Beispiel sind optofluidische Laser denkbar, wobei der Analyt des Sensors durch einen flüssigen Farbstoff ersetzt wird. Durch die örtliche Variation der Gitterkonstanten des photonischen Kristalls kann dabei die Stimmbarkeit des Lasers realisiert werden.

- Für das Sensorkonzept aus Streifenwellenleiter und optischer Mikrodisk konnte gezeigt werden, dass im Einklang mit der theoretischen Auslegung in der Praxis eine deutliche evaneszente Überkopplung der im Wellenleiter geführten Mode in die Mikrodisk stattfindet. Das Ausbleiben der Resonanzen im Transmissionsspektrum deutet aber auf einen zu großen Einfluss technologisch bedingter Streuzentren bei dem für die Realisierung gewählten Fertigungsprozess hin. Aus Untersuchungen mit siliziumbasierten Strukturen ist bekannt, dass Mikrodisks bei dementsprechend niedrigerem Niveau an Streuzentren durchaus als resonante Signalwandler geeignet sind [19, 114, 115]. Insofern ist es vor allem eine technologische Aufgabe, den hier entwickelten rein polymerbasierten Prozess hinsichtlich der Minimierung optischer Streuzentren weiterzuentwickeln.

- Das hier implementierte Programm zur Optimierung der Defektgeometrie schließlich kann, gelöst von der diskutierten Sensoranwendung zur Optimierung von optischen Mikrokavitäten basierend auf photonischen Kristallschichten, generell verwendet werden. Wichtige Anwendungen wären damit beispielsweise die Optimierung von integrierten Biosensoren oder die Minimierung von Laserschwellen. Durch Erweiterung des Programms auf zweidimensionale Defektstrukturen können darüber hinaus ohne Expertenkenntnisse photonische Kristallschichtkavitäten mit hohem Gütefaktor aber niedrigem Modenvolumen dimensioniert werden. Diese sind sowohl für die Herstellung hochsensitiver integriert optischer Sensoren auf der Basis photonischer Kristalle als auch für die Optimierung von Kavitäten für quantenoptische Experimente von fundamentaler Bedeutung.

Literaturverzeichnis

[1] MA, H. ; JEN, A. K. ; DALTON, L. R.: Polymer-based optical waveguides: materials, processing, and devices. In: *Adv. Mater.* 14 (2002), Nr. 19, S. 1339–1365

[2] NUNES, P. S. ; OHLSSON, P. D. ; ORDEIG, O. ; KUTTER, J. P.: Cyclic olefin polymers: emerging materials for lab-on-a-chip applications. In: *Microfluid. Nanofluid.* 9 (2010), S. 145–161

[3] MICHAEL, K. L. ; TAYLOR, L. C. ; SCHULTZ, S. L. ; WATT, D. R.: Randomly ordered addressable high-density optical sensor arrays. In: *Anal. Chem.* 70 (1998), Nr. 7, S. 1242–1248

[4] ALBERT, K. J. ; WALT, D. R.: High-speed fluorescence detection of explosives-like vapors. In: *Anal. Chem.* 72 (2000), Nr. 9, S. 1947–1955

[5] WHITE, B. ; PIERCE, M. ; NASSIF, N. ; CENSE, B. ; PARK, B. ; TEARNEY, G. ; BOUMA, B. ; CHEN, T. ; BOER, J. de: In vivo dynamic human retinal blood flow imaging using ultra-high-speed spectral domain optical coherence tomography. In: *Opt. Express* 11 (2003), Nr. 25, S. 3490–3497

[6] ASHER, S. A. ; ALEXEEV, V. L. ; GOPONENKO, A. V. ; SHARMA, A. C. ; LEDNEV, I. K. ; WILCOX, C. S. ; FINEGOLD, D. N.: Photonic crystal carbohydrate sensors: low ionic strength sugar sensing. In: *J. Am. Chem. Soc.* 125 (2003), S. 3322–3329

[7] CHOW, E. ; GROT, A. ; MIRKARIMI, L. W. ; SIGALAS, M. ; GIROLAMI, G.: Ultracompact biochemical sensor built with two-dimensional photonic crystal microcavity. In: *Opt. Lett.* 29 (2004), Nr. 10, S. 1093–1095

[8] KRIOUKOV, E. ; KLUNDER, D. J. W. ; DRIESSEN, A. ; GREVE, J. ; OTTO, C.: A multi-functional plasmonic biosensor. In: *Opt. Lett.* 27 (2002), Nr. 7, S. 512–514

[9] VOLLMER, F. ; ARNOLD, S.: Whispering-gallery-mode biosensing: label-free detection down to single molecules. In: *Nature Meth.* 5 (2008), S. 591–596

[10] KABASHIN, A. V. ; EVANS, P. ; PASTKOVSKY, S. ; HENDREN, W. ; WURTZ, G. A. ; ATKINSON, R. ; POLLARD, R. ; PODOLSKIY, V. A. ; ZAYATS, A. V.: Plasmonic nanorod metamaterials for biosensing. In: *Nat. Mater.* 8 (2009), S. 867–871

[11] CHANG, Y.-T. ; LAI, Y.-C. ; LI, C.-T. ; CHEN, C.-K. ; YEN, T.-J.: A multi-functional plasmonic biosensor. In: *Opt. Express* 18 (2010), Nr. 9, S. 9561–9569

[12] COLLOT, L. ; LEFEVRE-SEGUIN, V. ; BRUNE, M. ; RAIMOND, J. M. ; HAROCHE, S.: Very high-Q whispering-gallery mode resonances observed on fused silica microspheres. In: *Europhys. Lett.* 23 (1993), Nr. 5, S. 327

[13] GORODETSKY, M. L. ; SAVCHENKOV, A. A. ; ILCHENKO, V. S.: Ultimate Q of optical microsphere resonators. In: *Opt. Lett.* 21 (1996), Nr. 7, S. 453–455

[14] B. SONG, T. A. S. Noda N. S. Noda ; AKAHANE, Y.: Ultra-high-Q photonic doubleheterostructure nanocavity. In: *Nature Mater.* 4 (2005), S. 207–210

[15] ARMANI, D. K. ; KIPPENBERG, T. J. ; SPILLANE, S. M. ; VAHALA, K. J.: Ultra-high-Q toroid microcavity on a chip. In: *Nature* 421 (2003), S. 925–928

[16] Y. AKAHANE, B. S. T. Asano A. T. Asano ; NODA, S.: High-Q photonic nanocavity in a twodimensional photonic crystal. In: *Nature* 425 (2003), S. 944–947

[17] SRINIVASAN, K. ; BARCLAY, P. E. ; PAINTER, O.: Optical-fiber-based measurement of an ultrasmall volume high-Q photonic crystal microcavity. In: *Phys. Rev. B* 70 (2004), Nr. 8, S. 081306

[18] AKAHANE, Y. ; ASANO, T. ; SONG, B. ; NODA, S.: Fine-tuned high-Q photonic-crystal nanocavity. In: *Opt. Express* 13 (2005), Nr. 4, S. 1202–1214

[19] SOLTANI, M. ; YEGNANARAYANAN, S. ; ADIBI, A.: Ultra high-Q planar silicon microdisk resonators for chip-scale silicon photonics. In: *Opt. Express* 15 (2007), Nr. 8, S. 4694–4704

[20] ARMANI, A. M. ; KULKARNI, R. P. ; FRASER, S. E. ; FLAGAN, R. C. ; VAHALA, K. J.: Label-free, single-molecule detection with optical microcavities. In: *Science* 10 (2007), Nr. 317, S. 783–787

[21] MILLER, S. E.: Integrated Optics - An Introduction. In: *Bell Syst. Tech. J.* 48 (1969), S. 2059–2068

[22] MARCUSE, D.: *Theory of Dielectric Optical Waveguides*. 2. New York : Wiley & Sons, 1991

[23] CONWELL, E. M.: Modes in optical waveguides formed by diffusion. In: *Appl. Phys. Lett.* 23 (1975), S. 328–329

[24] HENZI, P. ; BADE, K. ; RABUS, D. G. ; MOHR, J.: Modification of polymethylmethacrylate by deep ultraviolet radiation and bromination for photonic applications. In: *J. Vac. Sci. Technol. B* 24 (2006), Nr. 4, S. 1755–1761

[25] MARCATILI, E. A. J.: Dielectric rectangular waveguide and directional coupler for integrated optics. In: *Bell Sys. Tec. J.* 48 (1969), S. 2071–2102

[26] JOANNOPOULOS, J.: *Photonic Crystals: Molding the Flow of Light*. 2. Princeton, Oxford : Princeton University Press, 2008

[27] SAKODA, K.: *Optical Properties of Photonic Crystals*. 1. Berlin, Heidelberg : Springer, 2001

[28] KITTEL, C.: *Introduction to Solid State Physics*. 7. New York : Wiley & Sons, 1995

[29] YABLONOVITCH, E.: Inhibited spontaneous emission in solid-state physics and electronics. In: *Phys. Rev. Lett.* 58 (1987), Nr. 20, S. 2059–2062

[30] JOHN, S.: Strong localization of photons in certain disordered dielectric superlattices. In: *Phys. Rev. Lett.* 58 (1987), Nr. 23, S. 2486–2489

[31] BUSCH, K. ; JOHN, S.: Photonic band gap formation in certain self-organizing systems. In: *Phys. Rev. E* 58 (1998), Nr. 3, S. 3896–3908

[32] HO, K. M. ; CHAN, C. T. ; SOUKOULIS, C. M.: Existence of a photonic gap in periodic dielectric structures. In: *Phys. Rev. Lett.* 65 (1990), Nr. 25, S. 3152–3155

[33] KASAP, S. O.: *Optoelectronic and Photonics Principles and Practices.* 1. Harlow : Longman, 2001

[34] YABLONOVITCH, E. ; GMITTER, T. J.: Photonic band structure: the face-centered-cubic case employing nonspherical atoms. In: *Phys. Rev. Lett.* 67 (1991), Nr. 17, S. 2295–2298

[35] LIN, S. Y. ; FLEMING, J. G. ; HETHERINGTON, D. L. ; SMITH, B. K. ; BISWAS, R. ; HO, K. M. ; SIGALAS, M. M. ; ZUBRZYCKI, W. ; KURTZ, S. R. ; BUR, Jim: A three-dimensional photonic crystal operating at infrared wavelengths. In: *Nature* 394 (1998), S. 251–253

[36] GARCIA-SANTAMARIA, F. ; MIYAZAKI, H.T. ; URQUÍA, A. ; IBISATE, M. ; BELMONTE, M. ; SHINYA, N. ; MESEGUER, F. ; LOPEZ, C.: Nanorobotic manipulation of microspheres for on-chip diamond architectures. In: *Adv. Mater.* 14 (2002), Nr. 16, S. 1144–1147

[37] DEUBEL, M. ; FREYMANN, G. von ; WEGENER, M. ; PEREIRA, S. ; BUSCH, K. ; SOUKOULIS, C. M.: Direct laser writing of three-dimensional photonic-crystal templates for telecommunications. In: *Nature Mater.* 3 (2004), S. 444–447

[38] JOHNSON, S. G. ; FAN, S. ; VILLENEUVE, P. R. ; JOANNOPOULOS, J. D. ; KOLODZIEJSKI, L. A.: Guided modes in photonic crystal slabs. In: *Phys. Rev. B* 60 (1999), S. 5751–5758

[39] QIU, M.: Effective index method for heterostructure-slab-waveguide-based two-dimensional photonic crystals. In: *Appl. Phys. Lett.* 81 (2002), Nr. 7, S. 1163–1165

[40] JOANNOPOULOS, J. D. ; VILLENEUVE, P. R. ; FAN, S.: Photonic crystals: putting a new twist on light. In: *Nature* 386 (1997), S. 143–149

[41] JOHNSON, S. G. ; MANOLATOU, C. ; FAN, S. ; VILLENEUVE, P. R. ; JOANNO-POULOS, J. D. ; HAUS, H. A.: Elimination of cross talk in waveguide intersections. In: *Opt. Lett.* 23 (1998), Nr. 23, S. 1855–1857

[42] FAN, S. ; JOHNSON, S. G. ; JOANNOPOULOS, J. D. ; MANOLATOU, C. ; HAUS, H. A.: Waveguide branches in photonic crystals. In: *J. Opt. Soc. Am. B* 18 (2001), Nr. 2, S. 162–165

[43] SOUSSI, S.: Convergence of the supercell method for defect modes calculations in photonic crystals. In: *SIAM J. Numer. Anal.* 43 (2005), Nr. 3, S. 1175–1201

[44] PAYNE, M. C. ; TETER, M. P. ; ALLAN, D. C. ; ARIAS, T. A. ; JOANNOPOULOS, J. D.: Iterative minimization techniques for ab initio total-energy calculations: molecular dynamics and conjugate gradients. In: *Rev. Mod. Phys.* 64 (1992), Nr. 4, S. 1045–1097

[45] YABLONOVITCH, E.: Photonic crystals: What's in a name? In: *OPN March* (2007), S. 12–13

[46] JACKSON, J. D.: *Klassische Elektrodynamik.* 3. New York : Wiley & Sons, 2002

[47] VAHALA, K. J.: Optical microcavities. In: *Nature* 424 (2003), S. 839–846

[48] VAHALA, K.: *Optical microcavities.* 1. Singapore : World Scientific Publishing, 2004

[49] BORSELLI, M. ; JOHNSON, T. J. ; PAINTER., O.: Beyond the Rayleigh Scattering Limit in High-Q Silicon Microdisks: Theory and Experiment. In: *Opt. Express* 13 (2005), S. 1515–1530

[50] LORD RAYLEIGH: The problem of the whispering gallery. In: *Philos. Mag.* (1910), S. 1001–1004

[51] SALEH, B. E. A. ; TEICH, M. C.: *Fundamentals of Photonics.* 2. Hoboken, New Jersey : Wiley & Sons, 2007

[52] YARIV, A.: Universal relations for coupling of power between microresonators and dielectric waveguides. In: *Electron. Lett.* 36 (2000), S. 321–322

[53] BORISOV, S. M. ; WOLFBEIS, O. S.: Optical biosensors. In: *Chem. Rev.* 108 (2008), Nr. 2, S. 423–461

[54] DITTRICH, P. S. ; TACHIKAWA, K. ; MANZ, A.: Micro total analysis systems. Latest advancements and trends. In: *Anal. Chem.* 78 (2006), Nr. 12, S. 3887–3907

[55] PSALTIS, D. ; QUAKE, S. R. ; YANG, C.: Developing optofluidic technology through the fusion of microfluidics and optics. In: *Nature* 442 (2006), S. 381–385

[56] LICHTMAN, J. W. ; CONCHELLO, J.-A.: Fluorescence microscopy. In: *Nature Methods* 2 (2005), Nr. 12, S. 910–919

[57] LAKOWICZ, J. R.: *Principles of Fluorescence Spectroscopy.* 3. New York : Springer, 2006

[58] WOGGON, T. ; PUNKE, M. ; STROISCH, M. ; BRUENDEL, M. ; SCHELB, M. ; VANNAHME, C. ; MAPPES, T. ; MOHR, J. ; ; LEMMER, U.: Organic semiconductor lasers as integrated light sources for optical sensors. In: *Organic electronics in sensors and biotechnology.* New York : McGraw-Hill

[59] VOROS, J. ; GRAF, R. ; KENAUSIS, G. L. ; BRIUNINK, A. ; MAYER, J. ; TEXTOR, M. ; WINTERMANTEL, E. ; SPENCER, N. D.: Feasibility study of an online toxicological sensor based on the optical waveguide technique. In: *Biosens. Bioelectron.* 15 (2000), S. 423–429

[60] LUCAS, P. ; WILHELM, A. A. ; RILEY, M. R. ; DEROSAB, D. L. ; COLLIER, J. M.: Cell-based bio-optical sensors using chalcogenide fibers. In: *Proc. SPIE* 6083 (2006), S. 60830W

[61] SEGER, R. A. ; RABUS, D. G. ; ICHIHASHI, Y. ; BRUENDEL, M. ; HIEB, J. ; ISAACSON, M.: Monitoring fluorescence in cultured neural networks using polymer waveguide excitation. In: *Dig. IEEE/LEOS Summer Topicals* (2007), S. 113–114

[62] AGNARSSON, B. ; HALLDORSSON, J. ; ARNFINNSDOTTIR, N. ; INGTHORSSON, S. ; GUDJONSSON, T. ; ; LEOSSON, K.: Fabrication of planar polymer waveguides

for evanescent-wave sensing in aqueous environments. In: *Microelectron. Eng.* 87 (2010), S. 56–61

[63] GRANDIN, H. M. ; STÄDLER, B. ; TEXTOR, M. ; ; VOROS, J.: Waveguide excitation fluorescence microscopy: a new tool for sensing and imaging the biointerface. In: *Biosens. Bioelectron.* 21 (2006), S. 1476–1482

[64] JIANG, L. N. ; GERHARDT, K. P. ; MYER, B. ; ZOHAR, Y. ; PAU, S.: Evanescent-wave spectroscopy using an SU-8 waveguide for rapid quantitative detection of biomolecules. In: *J. Microelectromech. Syst.* 17 (2008), Nr. 6, S. 1495–1500

[65] MICROCHEM: *PMMA950k Datenblatt, http://www.microchem.com/pdf/PMMA_Data_Sheet.pdf.* 2001

[66] VOLLMER, F. ; BRAUN, D. ; LIBCHABER, A. ; KHOSHSIMA, M. ; TERAOKA, I. ; ARNOLD, S.: Protein detection by optical shift of a resonant microcavity. In: *Appl. Phys. Lett.* 80 (2002), Nr. 21, S. 4057–4059

[67] KLINKHAMMER, S. ; WOGGON, T. ; GEYER, U. ; VANNAHME, C. ; DEHM, S. ; MAPPES, T. ; LEMMER, U.: A continuously tunable low-threshold organic semiconductor distributed feedback laser fabricated by rotating shadow mask evaporation. In: *Appl. Phys. B* 97 (2009), Nr. 4, S. 787–791

[68] LEHNHARDT, M. ; RIEDL, T. ; WEIMANN, T. ; KOWALSKY, W.: Impact of triplet absorption and triplet-singlet annihilation on the dynamics of optically pumped organic solid-state lasers. In: *Phys. Rev. B* 81 (2010), Nr. 16, S. 165206

[69] HOLLENBACH, U. ; BÖHM, H.-J. ; MOHR, J. ; ROSS, L. ; SAMIEC, D.: UV light induced single mode waveguides in polymer for visible range applications. In: *Proc. ECIO* (2007), S. ThD3

[70] OSKOOI, A. F. ; ROUNDY, D. ; IBANESCU, M. ; BERMEL, P. ; JOANNOPOULOS, J. D. ; JOHNSON, S. G.: MEEP: A flexible free-software package for electromagnetic simulations by the FDTD method. In: *Comput. Phys. Commun.* 181 (2010), S. 687–702

[71] JOHNSON, S. G.: *MEEP Online Reference,* *http://ab-initio.mit.edu/wiki/index.php/Meep.* 2009

[72] VOSKERICIAN, G. ; SHIVE, M. ; LANGER, R.: Numerical solution of inital boundary value problems involving Maxwell's Equations in isotropic media. In: *IEEE T. Antenn. Propag.* 14 (1966), S. 302–307

[73] BOETTGER, G. ; LIGUDA, C. ; SCHMIDT, M. ; EICH, M.: Improved transmission characteristics of moderate refractive index contrast photonic crystal slabs. In: *Appl. Phys. Lett.* 81 (2002), Nr. 14, S. 2517–2519

[74] BOETTGER, G. ; SCHMIDT, M. ; EICH, M.: Photonic crystal all-polymer slab resonators. In: *J. Appl. Phys.* 98 (2005), S. 103101

[75] HAGNESS, S. ; RAFIZADEH, D. ; HO, S. ; TAFLOVE, A.: FDTD microcavity simulations: design and experimental realization of waveguide-coupled single-mode ring and whispering-gallery-mode disk resonators. In: *J. Lightwave Technol.* 15 (1997), S. 2154–2165

[76] FOX, R. B. ; ISAACS, L. G. ; STOKES, S.: Photolytic degradation of poly(methyl methacrylate). In: *J. Polymer Sci.* A 1 (1963), S. 1079–1086

[77] MENZ, W. ; MOHR, J. ; PAUL, O.: *Mikrosystemtechnik für Ingenieure.* 3. Weinheim : Wiley-VCH, 2005

[78] CHOI, J. O. ; MOORE, J. A. ; CORELLI, J. C. ; SILVERMAN, J. P. ; BAKHRU, H.: Degradation of poly(methylmethacrylate) by deep ultraviolet, x-ray, electron beam, and proton beam irradiations. In: *J. Vac. Sci. Technol.* A 6 (1988), Nr. 6, S. 2286–2289

[79] MOHR, J. ; EHRFELD, W. ; MÜCHMEYER, D. ; STUTZ, A.: Resist technology for deep-etch synchrotron radiation lithography. In: *J. Polymer Sci.* A 24 (1989), Nr. 1, S. 231–240

[80] MAPPES, T.: *Hochauflösende Röntgenlithografie zur Herstellung polymerer Submikrometerstrukturen mit großem Aspektverhältnis,* Institut für Mikrostrukturtechnik, Universität Karlsruhe (TH), Diss., 2006

[81] HENZI, P.: *UV-induzierte Herstellung monomodiger Wellenleiter in Polymeren*, Institut für Mikrostrukturtechnik, Universität Karlsruhe (TH), Diss., 2004

[82] HENZI, P. ; RABUS, D. G. ; WALLRABE, U. ; MOHR, J.: Fabrication of photonic integrated circuits by DUV-induced modification of polymers. In: *Proc. SPIE* 5451 (2004), S. 24–31

[83] MAPPES, T. ; MOHR, J. ; MANDISLOH, K. ; SCHELB, M. ; ROSS, B.: A compound microfluidic device with integrated optical waveguides. In: *Proc. of SPIE* 6992 (2008), S. 69920L–2

[84] MAPPES, T. ; LENHERT, S. ; KASSEL, O. ; VANNAHME, C. ; SCHELB, M. ; MOHR, J.: An all polymer optofluidic chip with integrated waveguides for biophotonics. In: *Dig. IEEE/LEOS Summer Topicals* (2008), S. 215–216

[85] SCHELB, M. ; VANNAHME, C. ; WELLE, A. ; LENHERT, S. ; ROSS, B. ; MAPPES, T.: Fluorescence excitation on monolithically integrated all-polymer chips. In: *J. Biomed. Opt.* 15 (2010), Nr. 4, S. 041517

[86] BUCK, W. ; RESNICK, P.: Properties of amorphous fluoropolymers based on 2,2-Bistrifluoromethyl-4,5-Difluoro-1,3-Dioxole. In: *Paper presented at the 183 Meeting of the Electrochemical Society, Honolulu*

[87] KANG, E. ; ; ZHANG, Y.: Surface modification of fluoropolymers via molecular design. In: *Adv. Mater.* 12 (2000), S. 1481–1493

[88] HUEBNER, U. ; BOUCHER, R. ; MORGENROTH, W. ; SCHMIDT, M. ; EICH, M.: Fabrication of photonic crystal structures in polymer waveguide material. In: *Microelectron. Eng.* 83 (2006), S. 1138–1141

[89] MCCORD, M. A. ; ROOKS, M. J.: Electron beam lithography. In: *Handbook of Microlithography, Micromachining, and Microfabrication*. Bellingham, Washington : SPIE Optical Engineering Press, 1997

[90] GALE, M. T.: Replication techniques for diffractive optical elements. In: *Microelectron. Eng.* 34 (1997), S. 321–339

[91] HECKELE, M. ; SCHOMBURG, W. K.: Review on micro molding of thermoplastic polymers. In: *J. Micromech. Microeng.* 14 (2004), S. R1–R14

[92] HECKELE, M. ; GUBER, A. E. ; TRUCKENMÜLLER, R.: Replication and bonding techniques for integrated microfluidic systems. In: *Microsyst. Technol.* 12 (2006), S. 1031–1035

[93] MAPPES, T. ; WORGULL, M. ; HECKELE, M. ; MOHR, J.: Submicron polymer structures with X-ray lithography and hot embossing. In: *Microsyst. Technol.* 14 (2008), S. 1721–1725

[94] GUO, L. J.: Recent progress in nanoimprint technology and its applications. In: *J. Phys. D: Appl. Phys.* 37 (2004), S. R123–R141

[95] WORGULL, M. ; HECKELE, M. ; SCHOMBURG, W.: Large-scale hot embossing. In: *Microsyst. Technol.* 12 (2005), S. 110–115

[96] YOSHIHIKO, H. ; SATOSHI, Y. ; NOBUYUKI, T.: Defect analysis in thermal nanoimprint lithography. In: *J. Vac. Sci. Technol.* B 21 (2003), S. 2765–2770

[97] HIRAI, Y. ; YOSHIDA, S. ; TAKAGI, N. ; TANAKA, Y. ; YABE, H. ; SASAKI, K. ; SUMITANI, H. ; YAMAMOTO, K.: High aspect pattern fabrication by nano imprint lithography using fine diamond mold. In: *Japan. J. Appl. Phys.* 42 (2003), S. 3863–3866

[98] NAKADA, Y. ; NINOMIYA, K. ; TAKAKI, Y.: Fast nanoimprint thermal lithography using a heated high-aspect ratio mold. In: *Japan. J. Appl. Phys.* 45 (2006), S. L1241–L1243

[99] SCHELB, M. ; VANNAHME, C. ; KOLEW, A. ; MAPPES, T.: Hot embossing of photonic crystal polymer structures with a high aspect ratio. In: *J. Micromech. Microeng.* 21 (2011), S. 025017

[100] WORGULL, M.: *Hot embossing: theory and technology of microreplication.* 1. Oxford : Elsevier Science, 2008

[101] KIM, I. ; MENTONE, P. F.: Electroformed nickel stamper for light guide panel in LCD back light unit. In: *Electrochim. Acta* 52 (2006), S. 1805–1809

[102] GORELICK, S. ; GUZENKO, V. A. ; VILA-COMAMALA, J. ; DAVID, C.: Direct e-beam writing of dense and high aspect ratio nanostructures in thick layers of PMMA for electroplating. In: *Nanotechnology* 21 (2010), S. 295303

[103] MANDISLOH, K.: *Polymere, mikrofluidische Systeme mit integrierten Wellenleitern*, Institut für Mikrostrukturtechnik, Universität Karlsruhe (TH), Diss., 2008

[104] TOPAS ADVANCED POLYMERS: *Technische Daten, http://www.topas-us.com/tech/data/tempim.htm.* 2011

[105] WORGULL, M. ; HECKELE, M.: New aspects of simulation in hot embossing. In: *Microsyst. Technol.* 10 (2004), S. 432–437

[106] WORGULL, M. ; HECKELE, M. ; HETU, J. F. ; KABANEMI, K. K.: Modeling and optimization of the hot embossing process for micro- and nanocomponent fabrication. In: *J. Microlith. Microfab. Microsyst.* 5 (2006), S. 011005

[107] SALAITA, K. ; WANG, Y. H. ; MIRKIN, C. A.: Applications of dip-pen nanolithography. In: *Nat. Nanotechnol.* 2 (2007), S. 145–155

[108] LENHERT, S. ; SUN, P. ; WANG, Y. H. ; FUCHS, H. ; MIRKIN, C. A.: Massively parallel dip-pen nanolithography of heterogeneous supported phospholipid multilayer patterns. In: *Small* 3 (2007), S. 71–75

[109] SCHARNWEBER, T. ; SANTOS, C. ; FRANKE, R. P. ; ALMEIDA, M. M. ; COSTA, M. E.: Influence of spray-dried hydroxyapatite-5-fluorouracil granules on cell lines derived from tissues of mesenchymal origin. In: *Molecules* 13 (2008), Nr. 11, S. 2729–2739

[110] RUZZU, A. ; MATTHIS, B.: Swelling of PMMA-structures in aqueous solutions and room temperature Ni-electroforming. In: *Microsyst. Technol.* 8 (2002), S. 116–119

[111] NUNES, P. S. ; MORTENSEN, N. A. ; KUTTER, J. P. ; MOGENSEN, K. B.: Refractive index sensor based on a 1D photonic crystal in a microfluidic channel. In: *Sensors* 10 (2010), S. 2348–2358

[112] THORLABS: *INTUN TL1300-B Datenblatt, http://www.thorlabs.de/Thorcat/12300/12371-D02.pdf.* 2011

[113] HAUSER, M.: *Mikroresonatoren aus Glas und Polymeren als optische Flüstergalerien*, Institut für Angewandte Physik, Karlsruher Institut für Technologie, Diss., 2011

[114] DJORDJEV, K. ; CHOI, S.-J. ; CHOI, S.-J. ; DAPKUS, P. D.: High-Q vertically coupled InP microdisk resonators. In: *IEEE Photon. Technol. Lett.* 14 (2002), Nr. 3, S. 331–333

[115] CHO, S.-Y. ; JOKERST, N. M.: A polymer microdisk photonic sensor integrated onto silicon. In: *IEEE Photon. Technol. Lett.* 18 (2006), Nr. 20, S. 2096–2098

[116] PAINTER, O. ; VUCKOVIC, J. ; SCHERER, A.: Defect modes of a two-dimensional photonic crystal in an optically thin dielectric slab. In: *J. Opt. Soc. Am. B* 16 (1999), Nr. 2, S. 275–285

[117] ENGLUND, D. ; FUSHMAN, I. ; VUCKOVIC, J.: General recipe for designing photonic crystal cavities. In: *Opt. Express* 13 (2005), Nr. 16, S. 5961–5975

[118] VUCKOVIC, J. ; LONCAR, M. ; MABUCHI, H. ; SCHERER, A.: Optimization of the Q factor in photonic crystal microcavities. In: *IEEE J. Quant. El.* 38 (2002), Nr. 7, S. 850–856

[119] SRINIVASAN, K. ; PAINTER, O.: Momentum space design of high-Q photonic crystal optical cavities. In: *Opt. Express* 10 (2002), Nr. 15, S. 670–684

[120] NEWELL, A. ; SIMON, H. A.: Computer science as empirical inquiry: symbols and search. In: *Commun. ACM* 19 (1976), Nr. 3, S. 113–126

[121] DAVIS, L.: *Genetic algorithms and simulated annealing.* 1. Los Altos, California : Morgan Kaufmann, 1987

[122] SMAJIC, J. ; HAFNER, C. ; ERNI, D.: Optimization of photonic crystal structures. In: *J. Opt. Soc. Am. A* 21 (2004), Nr. 11, S. 2223–2232

[123] BURGER, M. ; OSHER, S. J. ; YABLONOVITCH, E.: Inverse problem techniques for the design of photonic crystals. In: *IEICE Trans. Electron.* E87C (2004), S. 258–265

[124] JIAO, Y. ; FAN, S. ; MILLER, D.: Demonstration of systematic photonic crystal device design and optimization by low-rank adjustments: an extremely compact mode separator. In: *Opt. Lett.* 30 (2005), Nr. 2, S. 141–143

[125] WEISE, T.: *Global optimization algorithms - theory and application*, *http://www.it-weise.de/projects/book.pdf*. 2009

[126] GOH, J. ; FUSHMAN, I. ; ENGLUND, D. ; VUCKOVIC, J.: Genetic optimization of photonic bandgap structures. In: *Opt. Express* 15 (2007), Nr. 13, S. 8218–8230

[127] PATERSON, N. R.: *Genetic programming with context-sensitive grammars*, St. Andrews University, Diss., 2002

[128] KIRKPATRICK, S. ; GELATT, C. ; VECCHI, M.: Optimization by Simulated Annealing. In: *Science* 220 (1983), Nr. 4598, S. 671–680

[129] KIM, W. J. ; O'BRIEN, J. D.: Optimization of a two-dimensional photonic-crystal waveguide branch by simulated annealing and the finite-element method. In: *J. Opt. Soc. Am. B* 21 (2004), Nr. 2, S. 289–295

[130] LIAO, Y. ; KIANG, Y. ; YANG, C. C.: Synthesis of two-dimensional photonic crystals for large band gaps. In: *Proc. SPIE* 6020 (2005), S. 602017

[131] BERTSIMAS, D. ; NOHADANI, O.: Robust optimization with simulated annealing. In: *J. Global. Optim.* 48 (2010), Nr. 2, S. 323–334

[132] MANDELSHTAM, V. A. ; TAYLOR, H. S.: Harmonic inversion of time signals and its applications. In: *J. Chem. Phys.* 107 (1997), Nr. 17. S. 6756–6769

[133] WÜLBERN, J. H. ; SCHMIDT, M. ; HÜBNER, U. ; BOUCHER, R. ; VOLKSEN, W. ; LU, Y. ; ZENTEL, R. ; EICH, M.: Polymer based tuneable photonic crystals. In: *phys. stat. sol. (a)* 204 (2007), Nr. 11, S. 3739–3753

[134] CHRISTIANSEN, M. B. ; LOPACINSKA, J. M. ; JAKOBSEN, M. H. ; MORTENSEN, N. A. ; DUFVA, M. ; KRISTENSEN, A.: Polymer photonic crystal dye lasers as optofluidic cell sensors. In: *Opt. Express* 17 (2009), Nr. 4, S. 2722–2730

[135] VANNAHME, C. ; KLINKHAMMER, S. ; KOLEW, A. ; JAKOBS, P.-J. ; M. GUTT-MANN, S. D. ; LEMMER, U. ; MAPPES, T.: Integration of organic semiconductor lasers and single-mode passive waveguides into a PMMA substrate. In: *Microelectron. Eng.* 87 (2010), S. 693–695

[136] VANNAHME, C. ; CHRISTIANSEN, M. B. ; MAPPES, T. ; KRISTENSEN, A.: Optofluidic dye laser in a foil. In: *Opt. Express* 18 (2010), S. 9280–9285

[137] VELASCO-GARCIA, M. N.: Optical biosensors for probing at the cellular level: a review of recent progress and future prospects. In: *Semin. Cell Dev. Biol.* 20 (2009), Nr. 1, S. 27–33

Abkürzungsverzeichnis

Abkürzung	Beschreibung
AFM	*englisch*: Atomic Force Microscope
b. E.	beliebige Einheiten
COC	Cyclo-Olefin-Copolymer
DPN	Dip-Pen Nanolithographie
FDTD	*englisch*: Finite Difference Time Domain
FIB	*englisch*: Focused Ion Beam
GA	Genetischer Algorithmus
IPA	Isopropanol
MIBK	Methylisobutylketon
PMMA	Polymethylmethacrylat
PDD	Bistrifluoromethyldifluorodioxol
REM	Rasterelektronenmikroskop
RIU	*englisch*: Refractive Index Unit
SA	Simulierte Abkühlung
TFE	Tetrafluorethen
TE	transversal elektrisch
TM	transversal magnetisch
UV	Ultraviolett

Danksagung

Diese Arbeit entstand am Institut für Mikrostrukturtechnik des Karlsruher Instituts für Technologie und wäre ohne die Mithilfe Vieler nicht möglich gewesen. Das letzte Kapitel möchte ich daher nutzen, um den Menschen, die mich während dieser Arbeit unterstützt und begleitet haben, zu danken.

Mein besonderer Dank gilt Herrn Prof. Dr. Volker Saile für die Gelegenheit, diese interessante Arbeit an seinem Institut durchzuführen, sowie für seine uneingeschränkte Unterstützung in allen Phasen des Projekts.

Herrn Prof. Dr. Kurt Busch danke ich herzlich für die Übernahme des Korreferats.

Ich danke Dr. Timo Mappes für die Aufnahme in seine Nachwuchsgruppe sowie die Betreuung und große Unterstützung dieser Arbeit.

Ich danke Dr. Jürgen Mohr für die Unterstützung und hilfreiche Hinweise in der Anfangsphase des Projekts.

Dank an Benjamin Ross, Aravinthan Rasappagoundar Palanisamy, Tobias Wienhold und Gerardo Scarpignato für ihren Einsatz und Interesse sowie viele fachliche Diskussionen bei der Durchführung ihrer Arbeiten am Institut für Mikrostrukturtechnik.

Dank an Peter Jakobs und Andreas Bacher für die Hilfe im Rahmen meiner Ebeamversuche.

Dank an Steven Lenhert und Thomas Laue für die gute Zusammenarbeit bei den Dip-Pen Lithographieexperimenten.

Dank an Alexander Welle für die Möglichkeit der Kultivierung und Färbung der Maus-
zellen sowie die Unterstützung der Fluoreszenzexperimente.

Weiterhin danke ich Johannes Barth, Sönke Klinkhammer, Marko Brammer, Tobias
Großmann, Andreas Hafner, Tobias Wienhold, Martin Pototschnig, Werner Schelb und
Christoph Vannahme für viele interessante physikalische und technische Diskussionen
sowie für Hilfestellungen und Hinweise verschiedenster Art während dieser Arbeit.

Auch danke ich allen Mitdoktoranden des Instituts für Mikrostrukturtechnik und des
Lichttechnischen Instituts für die gute Arbeitsatmosphäre und verschiedene gemeinsame
Unternehmungen.

Vielen Dank an die Karlsruhe School of Optics and Photonics für die Aufnahme als
Stipendiat und die damit verbundene finanzielle Unterstützung.

Zuletzt danke ich meiner Familie für die uneingeschränkte Unterstützung, die sie mir
auf meinem Weg bis heute zuteil werden ließ.

Karlsruhe, im Oktober 2011   Mauno Schelb

Schriften des Instituts für Mikrostrukturtechnik
am Karlsruher Institut für Technologie
(ISSN 1869-5183)

Herausgeber: Institut für Mikrostrukturtechnik

Die Bände sind unter www.ksp.kit.edu als PDF frei verfügbar oder
als Druckausgabe bestellbar.

Band 1   Georg Obermaier
          **Research-to-Business Beziehungen: Technologietransfer durch Kommu-
          nikation von Werten (Barrieren, Erfolgsfaktoren und Strategien).** 2009
          ISBN 978-3-86644-448-5

Band 2   Thomas Grund
          Entwicklung von Kunststoff-Mikroventilen im Batch-Verfahren. 2010
          ISBN 978-3-86644-496-6

Band 3   Sven Schüle
          **Modular adaptive mikrooptische Systeme in Kombination mit
          Mikroaktoren.** 2010
          ISBN 978-3-86644-529-1

Band 4   Markus Simon
          Röntgenlinsen mit großer Apertur. 2010
          ISBN 978-3-86644-530-7

Band 5   K. Phillip Schierjott
          **Miniaturisierte Kapillarelektrophorese zur kontinuierlichen Über-
          wachung von Kationen und Anionen in Prozessströmen.** 2010
          ISBN 978-3-86644-523-9

Band 6   Stephanie Kißling
          **Chemische und elektrochemische Methoden zur Oberflächenbear-
          beitung von galvanogeformten Nickel-Mikrostrukturen.** 2010
          ISBN 978-3-86644-548-2

Band 7   Friederike J. Gruhl
          **Oberflächenmodifikation von Surface Acoustic Wave (SAW) Bio-
          sensoren für biomedizinische Anwendungen.** 2010
          ISBN 978-3-86644-543-7

Band 8   Laura Zimmermann
          **Dreidimensional nanostrukturierte und superhydrophobe mikro-
          fluidische Systeme zur Tröpfchengenerierung und -handhabung.** 2011
          ISBN 978-3-86644-634-2

**Schriften des Instituts für Mikrostrukturtechnik
am Karlsruher Institut für Technologie
(ISSN 1869-5183)**

Band 9   Martina Reinhardt
**Funktionalisierte, polymere Mikrostrukturen für die dreidimensionale
Zellkultur.** 2011
ISBN 978-3-86644-616-8

Band 10   Mauno Schelb
Integrierte Sensoren mit photonischen Kristallen auf Polymerbasis.
2012
ISBN 978-3-86644-813-1